Gakken

CONTENTS

もくじ

6 ...... この本の見方

7	ぎもん 01	人間はイルカと会話できるにゃ？	哺乳類
9	ぎもん 02	モグラは日に当たると弱っちゃうにゃ？	哺乳類
11	ぎもん 03	カバは赤い汗を流すって、本当にゃ？	哺乳類
13	ぎもん 04	刺し身にすると、赤い魚と白い魚がいるのはなんでにゃ？	魚・水の生き物
15	ぎもん 05	鳥は後ろ向きに飛ぶことができるにゃ？	鳥
17	ぎもん 06	世界一大きい動物って何にゃ？	動物一般
19	ぎもん 07	きずついた野生動物を見つけたら、どうすべきにゃ？	動物一般
21	ぎもん 08	チョウのはねには、なぜ粉がついているにゃ？	昆虫
23	ぎもん 09	ウマは立って眠ってもなぜたおれないにゃ？	哺乳類
25	ぎもん 10	わたり鳥は、どうやって飛ぶコースを知るにゃ？	鳥
27	ぎもん 11	カニはみんな横にしか歩けないにゃ？	魚・水の生き物
29	ぎもん 12	体の小さな動物には寿命が短いものが多いって本当にゃ？	動物一般
31	ぎもん 13	水から上がる魚はいるにゃ？	魚・水の生き物
33	ぎもん 14	どうして人間にはしっぽがないにゃ？	動物一般
35	ぎもん 15	カメレオンは、どうして体の色が変わるにゃ？	両生類・爬虫類
37	ぎもん 16	毒ヘビは、自分をかんでもだいじょうぶにゃ？	両生類・爬虫類
39	ぎもん 17	卵を産む哺乳類っているにゃ？	哺乳類
41	ぎもん 18	コウテイペンギンはどうやって眠るにゃ？	鳥
43	ぎもん 19	ハリセンボンのはりは、本当に1000本あるにゃ？	魚・水の生き物

45 ····· **ぎもん 20** ニワトリは1年間に何個くらいの卵を産むにゃ？ 　　鳥

47 ····· **ぎもん 21** ライオンは、肉しか食べないにゃ？ 　　哺乳類

49 ····· **ぎもん 22** カブトムシって、どのくらい力持ちにゃ？ 　　昆虫

51 ····· **ぎもん 23** カンガルーは、おすにもポケットがあるにゃ？ 　　哺乳類

53 ····· **ぎもん 24** ゴリラが胸をたたくと、なぜ大きな音がするにゃ？ 　　哺乳類

55 ····· **ぎもん 25** ネコは1日のうちどれくらい眠るにゃ？ 　　哺乳類

57 ····· **ぎもん 26** チョウなどの昆虫は、雨の日どこにいるにゃ？ 　　昆虫

59 ····· **ぎもん 27** 氷がはった池の中でも、魚は元気に泳いでいるにゃ？ 　　魚・水の生き物

61 ····· **ぎもん 28** コイのひげは、何のためにあるにゃ？ 　　魚・水の生き物

63 ····· **ぎもん 29** ホッキョクグマのはだは、何色にゃ？ 　　哺乳類

65 ····· **ぎもん 30** アリジゴクの落としあなはどうなっているにゃ？ 　　昆虫

67 ····· **ぎもん 31** イヌの鼻って、どのくらいきくにゃ？ 　　哺乳類

69 ····· **ぎもん 32** ゾウの鼻には、水がどれくらい入るにゃ？ 　　哺乳類

71 ····· **ぎもん 33** アリの巣は、どのくらいの深さにゃ？ 　　昆虫

73 ····· **ぎもん 34** イヌは、どうして人間をなめるにゃ？ 　　哺乳類

75 ····· **ぎもん 35** 水族館のサメは、なぜまわりの魚を食べないにゃ？ 　　魚・水の生き物

77 ····· **ぎもん 36** 冬眠中のシマリスはずっと眠っているにゃ？ 　　哺乳類

79 ····· **ぎもん 37** ライオンとトラとチーター、狩りの成功率が高いのはだれにゃ？ 　　哺乳類

81 ····· **ぎもん 38** 魚の耳はどこにあるにゃ？ 　　魚・水の生き物

83 ····· **ぎもん 39** マグロは泳いでいないと生きられないって本当にゃ？ 　　魚・水の生き物

85 ····· **ぎもん 40** クマに出会ったらどうすればいいにゃ？ 　　哺乳類

87 ····· **ぎもん 41** いちばん大きいチョウはどのくらい大きいにゃ？ 　　昆虫

89 ····· **ぎもん 42** トビウオは何メートルくらい飛ぶにゃ？ 　　魚・水の生き物

91 ····· **ぎもん 43** ひよこは、初めて見た大きな動くものを親と思うって本当にゃ？　鳥

93 ····· **ぎもん 44** 水の上を走るトカゲがいるって本当にゃ？　両生類・爬虫類

95 ····· **ぎもん 45** 魚みたいだけど魚じゃない生き物がいるって本当にゃ？　動物一般

97 ····· **ぎもん 46** ハトが乳で子育てするって本当にゃ？　鳥

99 ····· **ぎもん 47** どんなゾウが、群れのリーダーになるにゃ？　哺乳類

101 ··· **ぎもん 48** クモは、なぜ自分の巣の糸に引っかからないにゃ？　昆虫

103 ··· **ぎもん 49** トカゲは、なぜしっぽが切れても平気にゃ？　両生類・爬虫類

105 ··· **ぎもん 50** 水の上で生活する鳥は、なぜしずまないにゃ？　鳥

107 ··· **ぎもん 51** 毎日たくさんの生き物が絶滅しているって本当にゃ？　動物一般

109 ··· **ぎもん 52** サケは、なぜ生まれた川にもどってこられるにゃ？　魚・水の生き物

111 ··· **ぎもん 53** サンゴって動物にゃ？　植物にゃ？　魚・水の生き物

113 ··· **ぎもん 54** ヘビは泳げるにゃ？　両生類・爬虫類

115 ··· **ぎもん 55** ワニって水中でも呼吸できるにゃ？　両生類・爬虫類

117 ··· **ぎもん 56** アメンボはどうして水に浮くことができるにゃ？　昆虫

119 ··· **ぎもん 57** 昆虫には、骨がないにゃ？　昆虫

121 ··· **ぎもん 58** ゾウは1日にどのくらいの量を食べるにゃ？　哺乳類

123 ··· **ぎもん 59** クジラのふく、「しお」の正体って何にゃ？　哺乳類

125 ··· **ぎもん 60** 野生の動物は、虫歯にならないにゃ？　哺乳類

127 ··· **ぎもん 61** オタマジャクシのしっぽはどこにいくにゃ？　両生類・爬虫類

129 ··· **ぎもん 62** カメムシは自分が出すにおいが平気にゃ？　昆虫

131 ··· **ぎもん 63** ムササビはどのくらいの距離を飛べるにゃ？　哺乳類

133 ··· **ぎもん 64** レッサーパンダとジャイアントパンダは同じなかまにゃ？　哺乳類

135 ··· **ぎもん 65** 日本にオオカミがいたって本当にゃ？　哺乳類

4

CONTENTS

137 … **ぎもん 66** 子育てをしない鳥がいるって本当にゃ？　　鳥

139 … **ぎもん 67** タツノオトシゴって、どうやって生まれるにゃ？　　魚・水の生き物

141 … **ぎもん 68** シーラカンスを、なぜ生きた化石というにゃ？　　魚・水の生き物

143 … **ぎもん 69** ミツバチは、どうやってはみつをつくるにゃ？　　昆虫

145 … **ぎもん 70** モグラのあなはどんな形にゃ？　　哺乳類

147 … **ぎもん 71** デンキウナギは本当に電気を出すにゃ？　　魚・水の生き物

149 … **ぎもん 72** ハチはどうして人をさすにゃ？　　昆虫

151 … **ぎもん 73** どうしてエビをゆでると赤くなるにゃ？　　魚・水の生き物

153 … **ぎもん 74** ミノムシの正体ってどんな虫にゃ？　　昆虫

155 … **ぎもん 75** 空気や水がなくても生き続けられる動物はいるにゃ？　　動物一般

157 … **ぎもん 76** ラッコは、どこで眠るにゃ？　　哺乳類

159 … **ぎもん 77** 野生のゾウは、どんなかっこうで眠るにゃ？　　哺乳類

161 … **ぎもん 78** シマウマのしまもようは、何に役立っているにゃ？　　哺乳類

163 … **ぎもん 79** キリンの首の骨は、ほかの動物よりも多いにゃ？　　哺乳類

165 … **ぎもん 80** ナマケモノって、どのくらいなまけものにゃ？　　哺乳類

167 … **ぎもん 81** パンダはササやタケしか食べないにゃ？　　哺乳類

169 … **ぎもん 82** ダンゴムシは、どうしてすぐに丸まるにゃ？　　昆虫

171 … **ぎもん 83** ヤドカリは、生まれたときから貝を持っているにゃ？　　魚・水の生き物

173 … **ぎもん 84** ウシは一年中お乳を出すにゃ？　　哺乳類

175 … **ぎもん 85** 働きアリはみんな働きものにゃ？　　昆虫

177 … **ぎもん 86** 鳥目というけれど、鳥は夜、目が見えなくなるにゃ？　　鳥

179 … **ぎもん 87** フンコロガシは、何のためにふんを転がすにゃ？　　昆虫

181 … **ぎもん 88** イカの頭って、どこの部分にゃ？　　魚・水の生き物

この本の見方

この本では、「哺乳類」や「鳥」、「昆虫」など、
さまざまな生き物に関するぎもんをクイズで紹介しています。
何問できるか、ぜひ挑戦してみてください。

ぎもんのテーマ

「哺乳類」「鳥」「昆虫」*「魚・水の生き物」「両生類・爬虫類」「動物一般」のどのテーマのぎもんかを表しています。

問題

生き物に関するクイズです。

選択肢

2つまたは3つの選択肢があります。
正しいと思うものを選んでください。
＊「昆虫」では陸でくらす節足動物全般もふくんでいます。（例：クモなど）

ページをめくると

答えのページ

答え

クイズの答えです。

解説

答えを、文章とイラストや写真でくわしく解説しています。

豆知識

さらにくわしい解説や、クイズに関係する話を紹介しています。

実際の答えはその目で確かめてみよう！

| 哺乳類 | 鳥 | 昆虫 | 魚・水の生き物 | 両生類 爬虫類 | 動物一般 |

ぎもん 01

人間はイルカと会話できるにゃ？

答えはどれだと思う？　次の3つの中から選んでね。

1　できないにゃ。会話は無理にゃ。
イルカは言葉を持っていないにゃ。

2　意思を伝えることはできるにゃ。
イルカ同士なら聞き取れる音で伝えるにゃ。

3　会話できるイルカが登場したにゃ。
訓練して話せるようになったにゃ。

答えは次のページ

2 意思を伝えることはできるにゃ。

　イルカは音を出して、なかま同士で交信しています。また、音でまわりの様子をさぐってもいます。音のはね返り方を聞いて、えものやじゃまなものが、どこにあるかわかります。ただし、たいへん高い音なので、人間にはイルカの出す音の、ごく一部しか聞くことができません。
　しかし、イルカは頭のいい動物なので、人間がイルカに聞き取れる高い音を出せば、意思を伝えることはできます。水族館のイルカは、人間が特別な笛などで出す高い音を聞き分けて、芸をすることが多いです。

なかまと交信する。

音でまわりの様子をさぐる。

海の中は、100メートルももぐると、真っ暗にゃ。イルカのなかまは「ヒューイ」という口笛のような音（ホイッスル音）を出して、自分の場所を知らせたり交信したりするにゃ。

| 哺乳類 | 鳥 | 昆虫 | 魚・水の生き物 | 両生類・爬虫類 | 動物一般 |

ぎもん 02

モグラは日に当たると弱っちゃうにゃ？

答えはどれだと思う？ 次の3つの中から選んでね。

1 日に当たってもへっちゃらにゃ。
日光浴することもあるくらいにゃ。

2 30分くらいならだいじょうぶにゃ。
でも日光はきらいなので、もぐるにゃ。

3 すぐに弱っちゃうにゃ。日光にとても弱いにゃ。
特に夏の日差しに弱いにゃ。

答えは次のページ ➡

1 日に当たっても へっちゃらにゃ。

　モグラは暗い土の中でくらしています。だからといって太陽の光に当たっても弱ったり死んでしまったりすることはありません。それどころか、体を温めるために地上に出て、日光浴をすることもあれば、夜はよく地上を歩きます。

　ただ、地上に出てくると、ネコなどにおそわれることも多く、そのようにして死んでしまったすがたを見て、「モグラは日の光に弱い」と、かんちがいする人もいるようです。

　モグラは地中で生活しやすい独特の体つきをしています。前あしは大きくてシャベルのよう。毛は細くやわらかく、体から外側に真っすぐに生えているので、せまいトンネルの中でも引っかからずに、前に後ろに自由自在に動き回れます。

日に当たったって問題なし！

　モグラの目にはうすい膜がかかっていて、土が入らないようになっているにゃ。地中では明るさを感じられれば十分で、物の形は見えないにゃ。えものは、敏感な鼻とひげで見つけるにゃ。

| 哺乳類 | 鳥 | 昆虫 | 魚・水の生き物 | 両生類・爬虫類 | 動物一般 |

ぎもん 03

カバは赤い汗を流すって、本当にゃ？

答えはどれだと思う？　次の2つの中から選んでね。

1　うそにゃ。血が出ているにゃ。
暑いと皮ふがわれてしまうにゃ。

2　本当にゃ。日焼け止めになるにゃ。
人間の汗とはちがうにゃ。

答えは次のページ

2 本当にゃ。
日焼け止めになるにゃ。

　人間は、暑いと汗をかきますね。これは、汗を蒸発させて体温を下げるためです。カバも、体からピンク色のねばり気のある体液を出します。ただし、これは人間のように体温を下げるためのものではありません。
　カバが水中から陸に上がると、体液を出し始めます。体液は、最初は透明ですが、だんだん赤くなっていきます。実はこの体液には、日焼けをふせぐ働きがあるのです。
　また、「抗菌作用」があることもわかっています。菌がきらい、近づかない液体ということです。このように、いろいろなことに役立ちます。

水から上がるカバ

カバの皮ふはかわきやすく、陸に上がると、すぐにひびわれてしまうにゃ。赤い汗は、きず口から菌が入って「化膿」することをふせいでいるにゃ。

12

| 哺乳類 | 鳥 | 昆虫 | 魚・水の生き物 | 両生類 爬虫類 | 動物一般 |

ぎもん 04

刺し身にすると、赤い魚と白い魚がいるのはなんでにゃ？

答えはどれだと思う？ 次の3つの中から選んでね。

1 発達している筋肉がちがうにゃ。
たくさん泳ぐ魚は赤いにゃ。

2 料理の仕方がちがうにゃ。
もともとの色はいっしょにゃ。

3 血の量がちがうにゃ。
血が多いところが赤身のお刺身にゃ。

答えは次のページ ➡

1 発達している筋肉がちがうにゃ。

　魚の身の色は、筋肉の特徴と関係しています。

　カツオやイソマグロは、一度泳ぎ始めると長い時間泳ぎ続けます。たとえるなら、陸上の長距離選手です。こうした魚は持久力が必要で、長時間一定の力を出し続ける筋肉が発達しています。この筋肉には、酸素をしっかりたくわえるためのたんぱく質が多く含まれていて、そのたんぱく質に含まれる色素（色のもとになる物質）が赤い色をしているため、身が赤く見えるのです。

　反対に、タイのように短時間に素早く泳ぐのが得意な魚もいます。たとえるなら、短距離選手です。こうした魚の筋肉には、酸素をたくわえるたんぱく質が少ないため、身が白く見えます。

身が赤い魚　イソマグロ　　身が白い魚　エビスダイ

「赤身魚」や「白身魚」という分け方は、色ではなく、身に含まれるたんぱく質の量などで決められているにゃ。

| 哺乳類 | 鳥 | 昆虫 | 魚・水の生き物 | 両生類 爬虫類 | 動物一般 |

ぎもん 05

鳥は後ろ向きに飛ぶことができるにゃ？

答えはどれだと思う？ 次の3つの中から選んでね。

1 **できないにゃ。**
前に進むために飛ぶにゃ。

2 **できるにゃ。どの鳥も後ろへ飛べるにゃ。**
ふだんあまり見ないだけにゃ。

3 **できるにゃ。でもぜんぶの鳥ではないにゃ。**
空中に止まっていることもできるにゃ。

答えは次のページ ➡

3 できるにゃ。でもぜんぶの鳥ではないにゃ。

　ふつうの鳥は、後ろへ飛べませんが、ハチドリのなかまは後ろへ飛べます。ハチドリとは、南アメリカなどにすんでいる、世界一小さい鳥。飛びながら、花のみつを吸います。

　花のみつを吸うときは、1秒間に約80回の速さで、つばさをねじるようにしてはげしく羽ばたいて、空中に止まります。みつを飲み終えて別の花に行くときは、そのままのかっこうで、後ろへ下がるように飛ぶことができます。

　そのひみつは、ほかの鳥にくらべてとても発達した、羽ばたくために使う胸の筋肉です。なんと、体重の3分の1の重さがあります。

飛びながら止まるマメハチドリ

スズメやカモなども、つばさをねじるようにして羽ばたいて、真上に飛び上がることはできるにゃ。でも、ハチドリみたいに後ろに進むことはできないにゃ。

| 哺乳類 | 鳥 | 昆虫 | 魚・水の生き物 | 両生類 爬虫類 | **動物一般** |

ぎもん 06

世界一大きい動物って何にゃ？

答えはどれだと思う？ 次の3つの中から選んでね。

1 ダイオウイカというイカにゃ。
クジラも食べちゃうらしいにゃ。

2 シロナガスクジラが世界一にゃ。
全長33メートルの記録があるにゃ。

3 アフリカゾウが最も大きいにゃ。
やっぱり何といってもゾウにゃ。

答えは次のページ ➡

② シロナガスクジラが世界一にゃ。

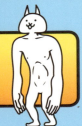

　今、地球にいる動物の中で、最も大きいのがシロナガスクジラです。これまでの最大で、全長33メートル、最も重かったもので190トンあったといわれています。

　陸にすんでいたら、あしではささえきれない重さですが、水にういていられる海ならだいじょうぶ。ほかにもジンベエザメやダイオウイカなど、海には陸では考えられないような大きな動物がたくさんいます。

　シロナガスクジラは、赤ちゃんでも全長は7〜8メートル、体重は2〜3トンもあります。

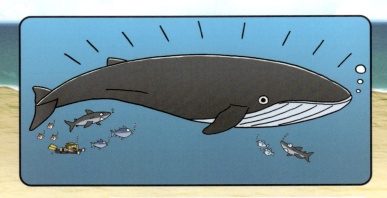

恐竜のアルゼンチノサウルスは、全長が30〜33メートルくらいだったと考えられているにゃ。でも、陸にすんでいたから、体重はクジラより軽かったと考えられているにゃ。

| 哺乳類 | 鳥 | 昆虫 | 魚・水の生き物 | 両生類 爬虫類 | **動物一般** |

ぎもん 07

きずついた野生動物を見つけたら、どうすべきにゃ？

答えはどれだと思う？ 次の3つの中から選んでね。

1. すぐけいさつに知らせるにゃ。
近くの交番に行くべきにゃ。

2. 動物園か獣医に連れて行くにゃ。
せんもんの人にたのむにゃ。

3. 手を出さず、見守るだけでいいにゃ。
野生のたくましさを信じるにゃ。

答えは次のページ ➡

3 手を出さず、見守るだけでいいにゃ。

　野生動物はペットとはちがいます。人間とは関わらないで生きている動物たちは、きびしい自然の中で生きています。

　きずついているときは、ほかの野生動物におそわれたのかもしれません。おそった動物が、近くでまだねらっているかもしれません。また、きずついた動物の親が、助けようとしてかくれて見ているかもしれません。だからむやみに助けない方がいい場合が多くあります。野生の世界は、人間が手出ししてはいけない世界なのです。

　野生動物たちにとって、人間は自然をこわしたりあぶない目にあわせたりすることがある、おそろしい存在でもあります。地球には、人間以外の生物もいっしょうけんめい生きていることを、わすれないようにしたいですね。

交通事故や海のごみなど、人間の影響で野生動物が弱っているのを見つけたら、おうちの人に言って、獣医さんなどに相談するといいにゃ。

| 哺乳類 | 鳥 | **昆虫** | 魚・水の生き物 | 両生類 爬虫類 | 動物一般 |

ぎもん 08

チョウのはねには、なぜ粉がついているにゃ？

答えはどれだと思う？　次の3つの中から選んでね。

1　鳥に食べられないようにするためにゃ。
鳥が粉をいやがるにゃ。

2　雨などの水をはじくためにゃ。
水から身を守っているにゃ。

3　敵からにげやすくするためにゃ。
粉をまいてにげるにゃ。

21

答えは次のページ ➡

2 雨などの水をはじくためにゃ。

　チョウのはねには粉がついています。この粉は「りん粉」といって、はねの表面の毛が、平べったく変化したものです。顕微鏡でチョウのはねの表面を見ると、花びらのような形の粉が、魚のうろこみたいにびっしりならんでいるのがわかります。
　りん粉は水をはじくので、雨がふっても、体やはねがびしょびしょになることはありません。
　もしもりん粉がはげ落ちてしまうと、はねに雨がしみこみ、チョウはうまく飛べなくなってしまいます。

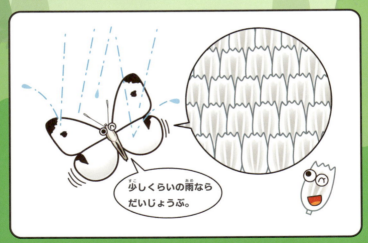

少しくらいの雨ならだいじょうぶ。

　種類によっていろいろな模様があるチョウやガのはねは、実はどれもりん粉を落とすとすき通っているにゃ。オオスカシバというガは、はげしく羽ばたくから、はねはふつう透明にゃ。

| 哺乳類 | 鳥 | 昆虫 | 魚・水の生き物 | 両生類 爬虫類 | 動物一般 |

ぎもん 09

ウマは立って眠っても、なぜたおれないにゃ？

答えはどれだと思う？ 次の3つの中から選んでね。

1 バランスをたもてるからにゃ。
ずっと立っていても平気にゃ。

2 あしを地面にめりこませているにゃ。
ひづめを使ってあしをうめこむにゃ。

3 あしを石や木でささえているにゃ。
あしもとをよく見るとささえがあるにゃ。

23

答えは次のページ ➡

1 バランスを たもてるからにゃ。

　ウマは立ったまま眠ります。ウマのあしは細いですが、実は立っていてもあまりつかれません。

　人間の場合、立っているとき力をぬくと、ひざが曲がってたおれてしまいます。でも、ウマはふつうに立っていれば、力を入れなくてもあしが棒のように真っすぐでいられます。ひざに力がかからないので、あまりつかれないと考えられています。

　またウマは、体のバランスをとる神経が、眠っている間でも働いています。そのため、ずっと立ったままでいられるのです。

　ウマは、横になるとおなかにガスがたまりやすいにゃ。だから、立って眠る方が都合がいいにゃ。立って眠れば、敵におそわれてもすぐに逃げられるにゃ。

| 哺乳類 | 鳥 | 昆虫 | 魚・水の生き物 | 両生類 爬虫類 | 動物一般 |

ぎもん 10

わたり鳥は、どうやって飛ぶコースを知るにゃ？

答えはどれだと思う？ 次の3つの中から選んでね。

1 超音波で目的地までの方向をさぐるにゃ。
超音波を出すとくしゅな器官があるにゃ。

2 太陽や星の位置を見ているにゃ。
自然のちからを使っているらしいにゃ。

3 食べ物のにおいを追っているにゃ。
おなかがへれば正しく飛べるにゃ。

答えは次のページ ➡

2 太陽や星の位置を見ているにゃ。

わたり鳥が、飛ぶコースをまちがえないのは、自然の様子で方角を知るからといわれています。山や川などを目印にすることもありますが、昼間は太陽の位置、夜は月や星座の位置などを見て、自分の目指す方向を知ると考えられています。

また、星の見えない天気の悪い夜でも、正しいコースを飛ぶことができます。これは、わたり鳥は、風向きや地球の磁気を感じて飛ぶこともできるからだと考えられています。磁気とは磁石から出る力です。実は地球は、南極がN極の大きな磁石になっており、その磁気によってわたり鳥は方向がわかるようです。

マガンの群れ

わたり鳥があらわれたのは、今から200万年〜100万年前の「氷河期」という寒い時代だといわれているにゃ。冬に食べ物を求めてあたたかい南の地域に移動したのがはじまりだったと考えられているにゃ。

| 哺乳類 | 鳥 | 昆虫 | **魚・水の生き物** | 両生類 爬虫類 | 動物一般 |

ぎもん 11

カニはみんな横にしか歩けないにゃ？

答えはどれだと思う？ 次の2つの中から選んでね。

1 ### 前や後ろに進むカニもいるにゃ。
横に歩けないカニもいるにゃ。

2 ### どのカニも横にしか歩けないにゃ。
体のつくりがそうなっているにゃ。

答えは次のページ →

1 前や後ろに進むカニもいるにゃ。

　多くのカニは横向きに進みますが、前後に進む種類のカニもいます。体が横に長いカニは、ほとんど横に進みますが、たてに長いアサヒガニやビワガニは、前後に動き、特に後ずさりすることが多くあります。
　カニのあしの関節は、決まった方向にしか曲がらないつくりになっています。横に歩くカニは、関節が横にしか曲がらないのです。
　ただ、体についている関節だけは、左右以外にも動くので、横向きに歩くカニでも、ゆっくりなら前後に歩けるものもいます。おどろいてにげるとき、ピョーンと前後にジャンプすることもあります。

後ずさりすることの多いアサヒガニ

　歩くより泳ぐことが得意なカニもいるにゃ。ワタリガニのなかまは、いちばん後ろのあしがひれになっていて、じょうずに水をかいて泳ぐにゃ。

| 哺乳類 | 鳥 | 昆虫 | 魚・水の生き物 | 両生類 爬虫類 | 動物一般 |

ぎもん 12

体の小さな動物には寿命が短いものが多いって本当にゃ？

答えはどれだと思う？ 次の2つの中から選んでね。

1 本当にゃ。

例外もあるけどにゃ。

2 うそにゃ。

小さな動物は長生きをするものが多いにゃ。

答えは次のページ ➡

1 本当にゃ。

　体の小さな動物には、寿命が短いものが多いと考えられています。これは、成長するのが早くてすぐにおとなになり、子孫を残すと死んでしまう種が多いからです。そうした種には、短い期間に多くの子どもを産むものも多く、新しい環境に合った子孫が誕生しやすいという特徴があります。

　たとえば、齧歯目の動物（ネズミのなかま）は、哺乳類の中で、最も広い地域に生息しています。その理由のひとつは、たくさんの子どもが生まれてその成長も早く、世代交代が頻繁に行われることで、新しい環境にも短期間で適応できるからだといわれています。

ニシオンデンザメは、長寿な生き物として有名にゃ。平均して200年以上生き、これまでで最長記録は512歳といわれているにゃ。

| 哺乳類 | 鳥 | 昆虫 | 魚・水の生き物 | 両生類 爬虫類 | 動物一般 |

ぎもん 13

水から上がる魚は いるにゃ？

答えはどれだと思う？　次の２つの中から選んでね。

1 **いるにゃ。**
虫を求めて木に登るものもいるにゃ。

2 **そんな魚は いないにゃ。**
それが魚にゃ。

答えは次のページ →

1 いるにゃ。

　水から上がる魚のひとつが、トビハゼ。沖縄などの、どろ水の海辺（干潟）にすんでいます。トビハゼは魚ですが、おもに陸でくらしています。

　陸に上がるときは、えらにたくさん水をふくませておき、その水がある間は、陸上でも呼吸できます。トビハゼの好物は虫で、陸にいるとき、虫を求めて木に登ります。

　インドや東南アジアにすむキノボリウオも、地上で生活する時間が長い魚です。地上ではひれをうまく使って、さっさと歩けますが、名前に反して木に登ることはありません。また、泳ぎはじょうずではありません。

水から出たトビハゼ

トビハゼのおなかには、きゅうばんの働きをする、はらびれがあるにゃ。はらびれで木に吸いついて、胸びれを使って木に登るにゃ。

| 哺乳類 | 鳥 | 昆虫 | 魚・水の生き物 | 両生類 爬虫類 | 動物一般 |

ぎもん 14

どうして人間にはしっぽがないにゃ？

答えはどれだと思う？ 次の3つの中から選んでね。

1 しっぽのないサルが進化したからにゃ。
しっぽのない変わったサルだったにゃ。

2 切っているうちに生えなくなったからにゃ。
じゃまなので大昔の人が切ったにゃ。

3 必要がないのでなくなったにゃ。
ヒトの祖先にはあったにゃ。

答えは次のページ ➡

3 必要がないのでなくなったにゃ。

　今、地球上にくらす動物は、大昔に魚の一部から陸で生活するものが分かれ、進化したといわれています。陸で生活を始めた動物たちはしっぽを持っていたため、ヒトの遠い祖先にはしっぽがありました。

　種類にもよりますが、しっぽには、バランスを取ったり、物をつかんだり、気持ちを表したりする役割があります。サルにも、しっぽを持っている種類が多いです。しかし、地上でくらすことが多くなり、前あしを手のように使えるように進化したサルは、しっぽを使わなくなっていきました。そのため、しっぽがなくなったと考えられています。そのため、ヒトと同じ祖先を持つチンパンジーやゴリラなどにはしっぽがありません。

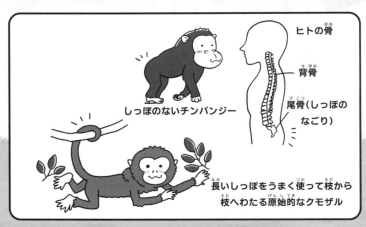

しっぽのないチンパンジー

ヒトの骨
背骨
尾骨（しっぽのなごり）

長いしっぽをうまく使って枝から枝へわたる原始的なクモザル

母親のおなかにいる間の、はじめの2か月は、人間にもしっぽがあるけれど、だんだん短くなってなくなるにゃ。おしりにある、小さな「尾骨」はしっぽのなごりにゃ。

| 哺乳類 | 鳥 | 昆虫 | 魚・水の生き物 | 両生類 爬虫類 | 動物一般 |

ぎもん 15

カメレオンは、どうして体の色が変わるにゃ？

答えはどれだと思う？ 次の3つの中から選んでね。

1 皮ふの「色のもと」が変化するからにゃ。
まわりの色や熱で変わるにゃ。

2 皮ふが鏡のようになっているからにゃ。
光の強さや明るさで変わるにゃ。

3 食べた物の色に変化するからにゃ。
緑色の物を食べれば緑色になるにゃ。

35

答えは次のページ ➡

2 皮ふが鏡のようになっているからにゃ。

カメレオンの皮ふのおくには、とても小さな、鏡のような部分があります。明るさや紫外線の量、カメレオンの気分によって反射する光の色が変わることで、体の色がさまざまに変化します。

日の当たる明るいところでは明るい色に、暗い場所では黒っぽい色に…というように、体の色がまわりの色とにることで、カメレオンは、敵の目からにげたり、こっそりまちぶせして、えものをとったりすることができます。

動作のおそいカメレオンにとって、見つかりにくいことは、生き残るためにとても有利なことです。

カメレオンは目ではなく、皮ふで光の強さを感じているから、目かくししていても体の色が変わるにゃ。さらに、気分でも色が変わってしまうにゃ。

| 哺乳類 | 鳥 | 昆虫 | 魚・水の生き物 | 両生類 爬虫類 | 動物一般 |

ぎもん 16

毒ヘビは、自分をかんでも だいじょうぶにゃ？

答えはどれだと思う？ 次の2つの中から選んでね。

1 自分の毒なら だいじょうぶにゃ。
むしろ、毒ヘビにとって毒は栄養にゃ。

2 だいじょうぶ じゃないにゃ。
自分の毒でもやられちゃうにゃ。

答えは次のページ

2 だいじょうぶじゃないにゃ。

　毒ヘビの毒は、ふつう「毒腺」という、上あごの内側にある器官でつくられます。つくられ方は人間がつばをつくるのににています。毒は、きばを伝わって、かんだ相手の体に入ります。

　毒ヘビは、おなかの中で毒を消化できます。そのため、自分の毒でたおしたえものを、毒ごと食べてもだいじょうぶです。ただし、自分で自分をかんだ場合は、毒が血の中に入ってしまいます。強すぎる毒だと、自分の毒にやられて、毒ヘビは死んでしまうといわれています。

　毒ヘビによっては口をとじると、きばが自動的に後ろ向きにたおれ、自分自身をきずつけないようにできるものもいます。

　毒ヘビの毒には3種類あるにゃ。かまれても痛みは少ないけれど、呼吸ができなくなったりする「神経毒」、かまれるととても痛くて、血が止まらなくなる「出血毒」、筋肉や組織を壊す「筋肉毒」にゃ。

| 哺乳類 | 鳥 | 昆虫 | 魚・水の生き物 | 両生類 爬虫類 | 動物一般 |

ぎもん 17

卵を産む哺乳類っているにゃ?

答えはどれだと思う? 次の2つの中から選んでね。

1 いないにゃ。

哺乳類は卵を産まないにゃ。

2 いるにゃ。

卵を産んで乳で育てるにゃ。

39

答えは次のページ ➡

2 いるにゃ。

哺乳類は、爬虫類から分かれて進化した動物だといわれています。哺乳の「哺」は、「口にふくませる」や「育てる」という意味です。つまり、乳をあたえて子育てする動物が、哺乳類なのです。

哺乳類はふつう、卵ではなく、赤ちゃんを産んで子育てしますが、例外もいます。そのひとつが、カモノハシです。卵からかえった赤ちゃんを乳で育てます。

ただ、カモノハシは原始的な哺乳類で、乳首はありません。おなかの皮ふの下にある乳腺から乳がにじみ出て赤ちゃんはそれをなめとります。

カモノハシ

カモノハシは、オーストラリア大陸とタスマニア島だけにすんでいるにゃ。鳥のカモのようなくちばしがあり、あしについた水かきを使ってじょうずに泳ぐにゃ。

40

| 哺乳類 | 鳥 | 昆虫 | 魚・水の生き物 | 両生類 爬虫類 | 動物一般 |

ぎもん 18

コウテイペンギンはどうやって眠るにゃ?

答えはどれだと思う? 次の3つの中から選んでね。

1 2羽でだき合って眠るにゃ。
寒いから温めあうにゃ。

2 おなかを上にして横になるにゃ。
風で飛ばされないためにゃ。

3 立ったまま、頭を下げるにゃ。
くちばしを羽で温めることもあるにゃ。

答えは次のページ ➡

3 立ったまま、頭を下げるにゃ。

　南極にすむコウテイペンギンは、腹ばいになると体が冷えるため、よく立ったまま眠ります。ひなや卵は、大型の鳥によくねらわれますが、こうすることで、敵におそわれてもすぐににげたり親やなかまに守ってもらったりできます。頭を下げて、うなだれるようなポーズで眠ることが多いです。

　ただ、水族館など、敵のいない安全なところでは、腹ばいになって眠ることもよくあります。あたたかい日には、腹ばいになって、体を冷やしながら眠ることもあります。

ペンギンも、ほかのほとんどの野生動物も、あまり深くは眠らないにゃ。地面に巣をほるマゼランペンギンは、あなの中で横になって眠るけれど、やっぱり浅い眠りにゃ。

| 哺乳類 | 鳥 | 昆虫 | 魚・水の生き物 | 両生類 爬虫類 | 動物一般 |

ぎもん 19

ハリセンボンのはりは、本当に1000本あるにゃ？

答えはどれだと思う？ 次の3つの中から選んでね。

1 もっと多いにゃ。1万本くらいあるにゃ。
数えた人がいたにゃ。

2 ちょうど1000本くらいにゃ。
だからそういう名前にゃ。

3 そんなにはないにゃ。300〜400本にゃ。
1000本はちょっと大げさにゃ。

答えは次のページ ➡

3 そんなにはないにゃ。300〜400本にゃ。

　体をふくらませ、たくさんの「はり」をさか立てるハリセンボン。「はり千本」という名前ですが、実は、はりは1000本も生えていません。数えると、たいてい300〜400本。350本くらいのものが多いようです。

　はりは、うろこが変化したもので、ふだんはねかせています。でも、敵が近づいてくると、水をすいこんで体をふくらませ、いっせいにはりを立てて身を守ります。いたそうなはりを見て、敵はびっくり。食べることをあきらめるというわけです。

「はり」で身を守ることができる。

ハリセンボンはフグのなかまにゃ。フグはおなかの中に「膨張のう」というふくろがあって、敵におそわれるとそこに水を入れてふくらむにゃ。ちなみにハリセンボンは、体にもはりにも毒はないにゃ。

| 哺乳類 | 鳥 | 昆虫 | 魚・水の生き物 | 両生類 爬虫類 | 動物一般 |

ぎもん 20

ニワトリは1年間に何個くらいの卵を産むにゃ？

答えはどれだと思う？ 次の3つの中から選んでね。

1
ふつう1年間に300個くらいにゃ。
毎日ではないにゃ。

2
ふつう1年間に100個くらいにゃ。
2〜3日で1個産むにゃ。

3
ふつう1年間に1000個くらいにゃ。
だいたい朝昼晩1個ずつ産むにゃ。

45　答えは次のページ ➡

1 ふつう1年間に300個くらいにゃ。

　ニワトリの祖先は、東南アジアにすむ野鶏（野生のニワトリ）だといわれています。野鶏は1年間に10〜12個の卵を産みますが、敵に卵を取られると、また産み足します。

　この性質を利用して、卵をたくさん産む鳥に改良されたのがニワトリです。多くの卵を産む野鶏を選び、その子どもたち同士を結婚させながら、ほぼ毎日産むようにしたのです。

　ただ、ニワトリが卵を産む時刻は、毎日同じではなく、ふつう1時間ずつ後ろへずれていきます。そして、産む時刻が午後になると、その日はお休みして、次の日の早朝にまた産み始めます。これをくり返すので、1年間に300個くらいの卵を産むことになります。

養鶏場では、ニワトリの卵を取り上げることで、またニワトリは卵を産む。

1年間に365個の卵を産んだニワトリもいるにゃ。ニワトリは、光の刺激を受けるとホルモンが出て、卵を産むにゃ。だから、卵を産むのは夜じゃなくて、早朝から午前中にゃ。

| 哺乳類 | 鳥 | 昆虫 | 魚・水の生き物 | 両生類 爬虫類 | 動物一般 |

ぎもん 21

ライオンは、肉しか食べないにゃ？

答えはどれだと思う？ 次の3つの中から選んでね。

1 食べないにゃ。
肉と水しか口に入れないにゃ。

2 実は草も食べているにゃ。
おなかの調子を整えるためにゃ。

3 むしろ草を食べることの方が多いにゃ。
狩りのいんしょうが強いだけにゃ。

答えは次のページ ➡

2 実は草も食べているにゃ。

わたしたちは、栄養をバランスよくとるために、肉も野菜も食べますね。しかし、ライオンなど、ネコ科の動物の胃腸は、植物を消化できません。では、野菜にふくまれている「ミネラル」や「ビタミン」を何からとるかというと、動物の内臓や肉。特に内臓には、必要な栄養がそろっています。

そんなライオンですが、じつは草を食べることもあります。これは、お腹にたまった毛玉などを吐き出すためだといわれています。

えものをたおしたライオンは、内臓を真っ先に食べるにゃ。特に、栄養たっぷりの肝臓が好物にゃ。

48

| 哺乳類 | 鳥 | **昆虫** | 魚・水の生き物 | 両生類 爬虫類 | 動物一般 |

ぎもん 22

カブトムシって、どのくらい力持ちにゃ？

答えはどれだと思う？ 次の3つの中から選んでね。

1 体重の約20倍の物を引っぱれるにゃ。
投げ飛ばす力も強いにゃ。

2 体重の約10倍の物を引っぱれるにゃ。
体はよろいみたいにゃ。

3 体重の約3倍の物を引っぱれるにゃ。
虫の中ではナンバーワンにゃ。

49

答えは次のページ ➡

1 体重の約20倍の物を引っぱれるにゃ。

　カブトムシは、木の樹液をなめる昆虫です。ほかの虫が近づいてくると、角を相手の体の下に入れてはね上げ、放り投げてしまうほどの力持ち。めすのうばい合いのため、おす同士もはげしくけんかすることがあります。

　引っぱる力も強く、200グラム以上の物を引っぱることができます。カブトムシの体重は10グラムほどなので、自分の約20倍の物を引っぱれる計算です。体重50キログラムの人間だったら、1トンくらいの物まで引っぱることができるという計算になります。

カブトムシ(左)とノコギリクワガタのけんか

　カブトムシの力のひみつは、とげとするどいつめがある、あしにあるにゃ。6本のあしをしっかりふんばることで、強い力で物を持ち上げたり、重い物を引っぱったりできるにゃ。

| 哺乳類 | 鳥 | 昆虫 | 魚・水の生き物 | 両生類 爬虫類 | 動物一般 |

ぎもん 23

カンガルーは、おすにもポケットがあるにゃ？

答えはどれだと思う？ 次の3つの中から選んでね。

1 おすにもめすにもポケットがあるにゃ。
交代で赤ちゃんをポケットに入れるにゃ。

2 めすにだけポケットがあるにゃ。
ポケットの中でお乳をあげるにゃ。

3 おすにだけポケットがあるにゃ。
めすにはポケットがないにゃ。

答えは次のページ ➡

2 めすにだけポケットがあるにゃ。

　カンガルーの赤ちゃんは体長約2センチメートル、体重は1グラムほどで、母親のおなかのポケットで大きくなります。カンガルーのポケットは、乳首のまわりの「しわ」が変化したもの。このしわが進化して、ポケットになったのです。すぐ乳が飲めて、ポケットの中で守られているので、赤ちゃんが育ちやすい環境です。

　ポケットの中には4つの乳首があり、ポケットに入った赤ちゃんは、すぐどれか1つをくわえます。ポケットの中でおっぱいを飲みながら、4〜5キログラムになるまで育ちます。

毛につかまりながら、ポケットの中に入る。

乳首

ポケットの中に入ると乳首をくわえる。

約6か月たつと、子どもはポケットから顔を出しはじめるにゃ。その後は、しばらくは母乳を飲みつづけて、ポケットに出たり入ったりしてすごすにゃ。

| 哺乳類 | 鳥 | 昆虫 | 魚・水の生き物 | 両生類 爬虫類 | 動物一般 |

ぎもん 24

ゴリラが胸をたたくと、なぜ大きな音がするにゃ？

答えはどれだと思う？ 次の3つの中から選んでね。

1 のどから胸にふくろがあるからにゃ。
たいこみたいにひびくにゃ。

2 音がなる木の実を持っているからにゃ。
木の実がひびくにゃ。

3 力が強く、胸もじょうぶだからにゃ。
とにかくすごい力でたたくにゃ。

答えは次のページ

1 のどから胸にふくろがあるからにゃ。

　ゴリラは、おすもめすも胸をたたいて音を出します。これを「ドラミング」といいます。てのひらをくぼませてたたくので、かわいた大きな音が出ます。また、ゴリラののどから胸には「のどぶくろ」という、空気でふくらむふくろがあり、それがたいこのようにひびきます。

　ゴリラの胸にはあまり毛が生えておらず平らなので、たたきやすくなっています。胸をたたく音は、ポコポコと軽やかにすんだ音で、おすが出す音は特に大きく、ジャングルでは2キロメートルはなれたところまでとどきます。

　ドラミングには、敵をおどしたり、なかまに合図する意味があり、ちがう群れ同士のゴリラが出会ったとき、よく行われます。

ゴリラのドラミングはイライラしたときなどにもするにゃ。子ゴリラもまねするけれど、あまりひびかないで、ペチペチという音にゃ。

| 哺乳類 | 鳥 | 昆虫 | 魚・水の生き物 | 両生類爬虫類 | 動物一般 |

ぎもん 25

ネコは1日のうちどれくらい眠るにゃ？

答えはどれだと思う？ 次の3つの中から選んでね。

1 3時間くらいにゃ。
実はあんまり眠っていないにゃ。

2 7時間くらいにゃ。
人間と同じくらいにゃ。

3 13時間くらいにゃ。
1日の半分以上、眠っているにゃ。

答えは次のページ

3 13時間くらいにゃ。

　ネコは「寝る子」がその語源となったといわれるほど、よく眠る動物です。なんと1日に13時間以上眠るといわれています。また、子ネコや高齢のネコは20時間以上眠ることもあります。

　なぜこんなに眠っているかというと、狩りをするためのエネルギーをたくわえるという、野生の本能が残っているからだと考えられています。家で飼われていたり、まちで見かけたりするネコは、イエネコという種類です。約9500年以上前に、西アジアの人が飼いならしたリビアヤマネコがその祖先といわれています。

さまざまなイエネコ

日本には、大きく分けてイエネコとイリオモテヤマネコ、ツシマヤマネコの3種類のネコが生息しているにゃ。

| 哺乳類 | 鳥 | **昆虫** | 魚・水の生き物 | 両生類 爬虫類 | 動物一般 |

ぎもん 26

チョウなどの昆虫は、雨の日どこにいるにゃ？

答えはどれだと思う？ 次の3つの中から選んでね。

1 ほらあなどに かくれているにゃ。
コウモリと同じにゃ。

2 草の葉のうらなどに いるにゃ。
じっと雨がやむのを待っているにゃ。

3 大きな木の下や えんの下にゃ。
人間の雨宿りみたいにゃ。

答えは次のページ ➡

2 草の葉のうらなどにいるにゃ。

晴れているときは、花から花へとひらひら飛んでいるチョウは、雨がふってくるとどこへ行ってしまうのか、見かけなくなりますね。

チョウをはじめ、昆虫の多くは、雨がふってくると、ぬれないように草の葉のうらなどにとまって、じっとしていることが多いです。

雨の日に、草むらの葉をそっとめくってみると、チョウばかりでなく、カマキリやトンボなど、意外な昆虫が雨宿りしているすがたを見ることができますよ。

体の小さな昆虫にとって、雨つぶは大きくて危険にゃ。ほとんどの昆虫が雨をきらうにゃ。アリは雨がふると、巣あなの入り口に土をもり上げて、巣に水が入らないようにするにゃ。

| 哺乳類 | 鳥 | 昆虫 | 魚・水の生き物 | 両生類 爬虫類 | 動物一般 |

ぎもん 27

氷がはった池の中でも、魚は元気に泳いでいるにゃ？

答えはどれだと思う？ 次の2つの中から選んでね。

1 石のかげなどでじっとしているにゃ。
活発には泳がないにゃ。

2 むしろ夏よりも元気に泳いでいるにゃ。
魚にとっては寒いほどいいにゃ。

答えは次のページ ➡

1 石のかげなどでじっとしているにゃ。

わたしたちは、水に入ると冷たく感じますね。これは、わたしたちの体温がふつう36℃(度)から37℃なので、水温が20℃くらいあったとしても、温度のちがいが大きいからです。

しかし、魚の体温はもっと低く、水温がちょうどよくなっています。反対に、人間が魚をつり上げ、手でつかむと、それこそ魚にとっては、やけどをするほど熱く感じるはずです。

魚は「変温動物」といって、まわりの温度によって体温が変化します。真冬、水面に氷がはるほど水温が下がると、魚の体温も下がり、元気に泳げなくなります。そのため、水の底の石のかげなどでじっとしています。

魚によってちょうどよい水温がある。

ヒラメ…18〜24℃

スズキ…15〜18℃

キス…16〜25℃

金魚、メダカ…22〜28℃

魚の種類によって、好きな温度はちがうにゃ。冷たい水が好きな魚は、北の海や川でくらして、温かい水が好きな熱帯魚などは、水温が高い地域でくらすにゃ。

| 哺乳類 | 鳥 | 昆虫 | **魚・水の生き物** | 両生類 爬虫類 | 動物一般 |

ぎもん 28

コイのひげは、何のためにあるにゃ？

答えはどれだと思う？ 次の3つの中から選んでね。

1 おす同士が、強さをしめすためにゃ。
長いとリーダーになれるにゃ。

2 ひげで、食べ物や敵に気づくにゃ。
とても敏感にゃ。

3 食べ物をおびきよせるにゃ。
動かすと、小魚がよってくるにゃ。

61

答えは次のページ ➡

2 ひげで、食べ物や敵に気づくにゃ。

　コイには4本のひげがあります。上くちびるの上に短いひげが2本、口のはしに、長いひげが2本です。

　コイは、池や川の底のどろの中にいる生き物をさがして食べます。このとき、ひげが役に立ちます。ひげで川底をさぐって、生き物の動きやにおいを感じます。ひげといっても、皮ふが変化したものなので、敏感なのです。

　コイは大きくなりますが、子どものコイは当然小さく、その分、敵が近づいてきたときの水の動きやにおいなども、素早く感じてにげることができます。

淡水（塩分をふくまない水）にすむ魚には、ひげを生やした種類がいろいろいるにゃ。コイ、ニゴイのほかにも、ナマズやドジョウにもひげがあるにゃ。ナマズのひげは8本で、ドジョウのひげは10本にゃ。

| 哺乳類 | 鳥 | 昆虫 | 魚・水の生き物 | 両生類 爬虫類 | 動物一般 |

ぎもん 29

ホッキョクグマのはだは、何色にゃ？

答えはどれだと思う？　次の3つの中から選んでね。

1 黒にゃ。
はだは白くないにゃ。
本当は黒クマにゃ。

2 白にゃ。
もちろん白いにゃ。
だから白クマってよばれるにゃ。

3 うすいピンクにゃ。
サクラ色にゃ。
血がすけているにゃ。

答えは次のページ

1 黒にゃ。はだは白くないにゃ。

　白く見えるホッキョクグマですが、実は毛の下の皮ふは黒い色です。黒は、光を吸収する色。寒い北極地方でくらすホッキョクグマは、黒い皮ふが太陽の光を吸収して、体を温めるのに役立っているのです。

　そして、白く見える毛は、実は透明。たくさん集まっているので、白く見えています。本当に白かったら、太陽の光をはね返してしまいますが、透明なのではだまでとどきます。

　毛は15センチメートルくらいの長さで、中にはしんがありません。ストローのように、中に空気が入っています。空気は熱を伝えにくいので、ホッキョクグマの体は、寒さから守られているのです。

●長い毛
中に空気が入っている。

●短い毛
びっしり生えていて、水を通さない。

ストローみたいな長い毛のほかに、ホッキョクグマの皮ふは、5センチメートルくらいの短い毛でびっしりおおわれているにゃ。体から出るあぶらがついているから、水をはじくにゃ。

| 哺乳類 | 鳥 | 昆虫 | 魚・水の生き物 | 両生類爬虫類 | 動物一般 |

ぎもん 30

アリジゴクの落としあなはどうなっているにゃ？

答えはどれだと思う？ 次の3つの中から選んでね。

1 深すぎて、落ちたら出られないにゃ。
30センチメートルになることもあるにゃ。

2 底には、ねばねばしたあみがあるにゃ。
まるでクモの巣にゃ。

3 あなの底にアリジゴクがいるにゃ。
えものが落ちるのを待っているにゃ。

65

答えは次のページ ➡

3 あなの底にアリジゴクがいるにゃ。

　アリジゴクとは、ウスバカゲロウの幼虫のことです。すりばち形の落としあなを掘り、落ちてくるアリなどの体液を吸います。

　アリジゴクの体の大きさは7ミリメートルほど。頭にはさみのような「大あご」があります。アリジゴクは、かわいた砂のある場所に落としあなを掘り、底にかくれて、えものがかかるのを待ちます。

　アリやダンゴムシなどがすべって土が落ちてくると、下から砂を飛ばしてぶつけ、あなの底に落とそうとします。そして、落ちたえものをはさみ、消化液でえものをとかし、それを吸います。

アリジゴク（ウスバカゲロウの幼虫）

よくできた落としあなだけれど、いつもえものが落ちてくるとはかぎらないにゃ。あなのそこでじっと待っていないといけないから、アリジゴクは1か月くらい何も食べなくても平気にゃ。

| 哺乳類 | 鳥 | 昆虫 | 魚・水の生き物 | 両生類 爬虫類 | 動物一般 |

ぎもん 31

イヌの鼻って、どのくらいきくにゃ？

答えはどれだと思う？　次の3つの中から選んでね。

1　人間の10倍くらいにゃ。
すごく鼻がいいにゃ。

2　人間の100倍くらいにゃ。
ものすごく鼻がいいにゃ。

3　人間の100万倍以上にゃ。
ごくわずかなにおいでも感じるにゃ。

答えは次のページ ➡

3 人間の100万倍以上にゃ。

　イヌは、人間の100万倍鼻がきくといわれています。特に動物の肉のにおいに対しては敏感で、人間の1億倍ともいわれます。

　鼻のあなのおくの「ねんまく」には、においを感じ取る「嗅細胞」がならんでいます。イヌは嗅細胞の数が、約2億個以上もあるので、かすかなにおいでもキャッチできるのです。

　においのかぎ方は大きく2種類あります。地面に残ったにおいをかぐ地鼻と、空気中にただようにおいをかぐ高鼻です。たとえば猟犬の中では、ビーグルなどは地面に残されたえもののにおいを追いかける地鼻。鳥撃ちのときにえものの場所を知らせるセッターなどは、高鼻です。

においをかぐには、鼻がつき出ているイヌの方が有利にゃ。ブルドッグみたいに鼻の低いイヌは、においをかぎづらくて、つき出ているイヌほど敏感じゃないと考えられているにゃ。

| 哺乳類 | 鳥 | 昆虫 | 魚・水の生き物 | 両生類 爬虫類 | 動物一般 |

ぎもん 32

ゾウの鼻には、水がどれくらい入るにゃ？

答えはどれだと思う？ 次の3つの中から選んでね。

1 **20リットル以上入るにゃ。**
水浴びのとき、たくさんかけるにゃ。

2 **1リットルくらい入るにゃ。**
実は、鼻の先の方しか入らないにゃ。

3 **5リットル以上入るにゃ。**
牛乳パック5本分以上入るにゃ。

答えは次のページ

3 5リットル以上入るにゃ。

　おとなのゾウの鼻には、一度に5〜10リットルくらいの水が入ります。1リットルの牛乳パックを思いうかべれば、かなりの量だということがわかりますね。
　ゾウの鼻は、呼吸したりにおいをかいだりするのはもちろん、吸いこんだ水を口に運んで飲んだり、シャワーのように体に浴びせたりするのにも役立っています。
　ゾウの鼻は、鼻と上くちびるがいっしょにのびてくっついたものです。祖先はブタのような鼻でしたが、体が大きく進化するにつれて鼻も長くなったと考えられています。

ゾウの鼻はやわらかくてよく動くにゃ。ピーナッツみたいな小さな物でもつかめるほどにゃ。体が大きくて地面まで口がとどかないゾウにとって、鼻はうでや指の働きをしているにゃ。

| 哺乳類 | 鳥 | **昆虫** | 魚・水の生き物 | 両生類 爬虫類 | 動物一般 |

ぎもん 33

アリの巣は、どのくらいの深さにゃ？

答えはどれだと思う？ 次の3つの中から選んでね。

1 せいぜい1メートルくらいにゃ。
でも、たくさんの部屋があるにゃ。

2 長いものは、深さ4メートルになるにゃ。
いろいろな部屋もあるにゃ。

3 100メートル以上にゃ。
あみの目のように広がっているにゃ。

71

答えは次のページ ➡

答え 2 長いものは、深さ4メートルになるにゃ。

　アリの巣は、種類によって形がいろいろです。よく見かけるクロオオアリやクロヤマアリは、浅いけれど、たくさん枝分かれした巣をつくります。食べ物の部屋、卵の部屋、幼虫の部屋、ゴミすて場など、いろいろな部屋が、トンネル通路であちこちつながっています。
　深い巣をつくるのは、クロナガアリです。秋に草の実を集めて、巣の中で冬をこします。深さ4メートルにもなる巣もあります。これはキリンの背に近い長さです。
　どの種類のアリでも、女王の部屋や卵の部屋など、大事な部屋は、おくの方にあります。

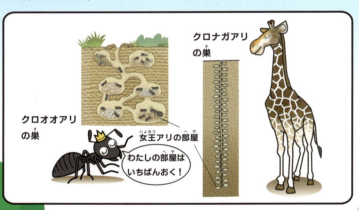

　アリの巣もいろいろにゃ。巣を枯れ木の中につくるアリもいるにゃ。ほかにも、サムライアリは自分で巣をつくらずに、クロヤマアリの巣をうばって、クロヤマアリをどれいのように働かせてくらすにゃ。

| 哺乳類 | 鳥 | 昆虫 | 魚・水の生き物 | 両生類 爬虫類 | 動物一般 |

ぎもん 34

イヌは、どうして人間をなめるにゃ？

答えはどれだと思う？ 次の3つの中から選んでね。

1 **イヌが愛情を表しているにゃ。**
食べ物をねだる意味もあるにゃ。

2 **きれいにしてあげようとしているにゃ。**
自分の体をなめるのと同じ気持ちにゃ。

3 **おいしそうなにおいがするからにゃ。**
食べ物のにおいが残っているにゃ。

答えは次のページ ➡

1 イヌが愛情を表しているにゃ。

イヌは人間の手や顔をよくなめます。飼われているイヌは、飼い主を見つけると、飛びついて顔をペろぺろすることもあります。

これはイヌの愛情表現です。イヌは親子でもよくなめ合っています。人間の親が子どもをだいたりなでたりするのと同じように、母イヌは子イヌをなめるのです。

イヌが人間をなめるのは、その人のことが好きなしるしです。イヌの親子と同じように、安心してなめているのです。

子イヌは、母イヌに食べ物をねだるとき、口をなめるにゃ。人間にも、食べ物をねだってなめることがあるにゃ。手をなめて、手から安心して食べ物をもらおうという意味もあるにゃ。

郵便はがき

１４１-８４１６

恐れ入りますが
郵便切手を
お貼りください

東京都品川区西五反田
2-11-8

株式会社Gakken

K12-1事業部

まんが・読み物編集課 行

アンケートにご協力ください。抽選で記念品をお送りします。

★ 当編集部にいただいたおはがきの中から抽選で年間200名様に，記念品として図書カード500円分をお送りします。

★ 抽選は年4回行います(1・4・7・10月末)。当選者の発表は，記念品の発送をもってかえさせていただきます。

★ ご記入いただいた個人情報（ご住所やお名前など）は，当選者への記念品送付，商品・サービスのご案内，企画開発のため，などに使用いたします。

ご住所	(〒 　 - 　)	都道府県
ふりがな お名前		

・お寄せいただいた個人情報に関するお問い合わせは，当社サイトのお問い合わせフォームよりお願いいたします。https://www.corp-gakken.co.jp/contact/　当社の個人情報保護については，当社ホームページhttps://www.corp-gakken.co.jp/privacypolicy/をごらんください。
・発行元 株式会社Gakken 東京都品川区西五反田2-11-8 代表取締役社長 五郎丸徹
・個人情報に関してご同意いただけましたら，裏面アンケートのご記入にお進みください。
・アンケートの募集を終了する場合は，当社のホームページで告知いたします。

●ご愛読ありがとうございます●

今後とも良い本をつくるため、みなさまのご意見、ご感想をお聞かせください。

●性別・学年・年齢をお教えください。下のどれかに○をお付けください。

★性別（　男　　女　）　★年齢（　　　歳）

★小学校・その他（　　　　　　）　★学年（　　年生）

①本書をどこでお知りになりましたか？当てはまるものすべてに○をつけてください。

1. 書店で　2. SNSで　3.『にゃんこ大戦争』の公式サイトで　4. webの記事で
5.『にゃんこ大戦争』のゲーム内バナーで　6. その他（　　　　　　　　　　）

②この本の内容について、それぞれひとつ○をつけてください。

・値段は…1. 安い　2. ちょうどよい　3. 高い

・本のデザインは…1. とてもよい　2. ふつう　3. あまりよくない

・内容は…1. やさしい　2. ちょうどよい　3. むずかしい

③この本をお買いになった理由を選んでください。（いくつでも）

1. 表紙にひかれて　2. にゃんこ大戦争が好きだから　3. 勉強になると思ったから
4. 楽しそうだから　5. 人にすすめられて　6. 家族が買ってきた
7. その他〔　　　　　　　　　　　　　　　　　　　　　　　　　　　〕

④この本を読んで、いちばん良かった点や気に入った点を教えてください。

〔　　　　　　　　　　　　　　　　　　　　　　　　　　　　　　　〕

⑤シリーズで何を取り上げてほしいか教えてください。

（例：宇宙、都道府県、歴史、恐竜、妖怪、食べ物、ロボット、仕事、乗り物など）

〔　　　　　　　　　　　　　　　　　　　　　　　　　　　　　　　〕

⑥アニメやまんが、ゲームなどで好きなキャラクターを教えてください。

〔　　　　　　　　　　　　　　　　　　　　　　　　　　　　　　　〕

⑦そのほか、この本についてのご感想を自由にお書きください。

〔　　　　　　　　　　　　　　　　　　　　　　　　　　　　　　　〕

なぜ？がわかる！にゃんこ大戦争クイズブック〜生き物のぎもん編〜

| 哺乳類 | 鳥 | 昆虫 | **魚・水の生き物** | 両生類 爬虫類 | 動物一般 |

ぎもん 35

水族館のサメは、なぜまわりの魚を食べないにゃ？

答えはどれだと思う？ 次の3つの中から選んでね。

1 まずい魚しか入れていないからにゃ。
サメが食べる気にならないにゃ。

2 えさをきちんとあたえているからにゃ。
おなかがすいていないにゃ。

3 まわりの魚のにげ方がうまいからにゃ。
にげ方を訓練してあるにゃ。

答えは次のページ ➡

2 えさをきちんとあたえているからにゃ。

　水族館の大きな水そうに、サメと小さな魚がいっしょに泳いでいることがあります。でもサメは、小さな魚を追い回したり食べることは少ないです。これは、ちゃんとサメに十分なえさをあたえているからです。おなかがすいていなければ、わざわざにげる魚を追ってまで食べる必要がないのです。

　ただし、血のにおいには反応する性質があるので、けがをした魚がいると、こうふんしておそうこともあります。また、弱った小さな魚も、ぱくっと食べてしまうことがあるようです。

魚はふつう、自分の口に入り切る大きさのものだけを食べるにゃ。

| 哺乳類 | 鳥 | 昆虫 | 魚・水の生き物 | 両生類 爬虫類 | 動物一般 |

ぎもん 36

冬眠中のシマリスはずっと眠っているにゃ？

答えはどれだと思う？　次の2つの中から選んでね。

1 ずっと眠っているにゃ。
春まで起きないにゃ。

2 たまに起きて食べ物を食べるにゃ。
冬眠する前に巣にためておくにゃ。

答えは次のページ ➡

2 たまに起きて食べ物を食べるにゃ。

　わたしたち哺乳類は、エネルギーを使って体温を一定に保っています。しかし、冬は食べ物が少なくなり、エネルギーをつくることがむずかしくなります。そんな状況に適応した「冬眠」を行う種がいます。冬眠すると体温や呼吸の回数、心拍数が下がり、少ないエネルギーで冬を乗り越えられるのです。シマリスの場合は、土の中の冬眠用の巣穴にどんぐりなどの食料をたくさん運び込み、1週間に1回程度目を覚まして食べ物を食べ、はいせつもします。起きているときのシマリスは、体温が約37℃（度）ですが、冬眠中は約6℃まで下がり、心拍数や呼吸の回数も大幅に減ります。

　ツキノワグマやヒグマ、ヤマネなどは冬がくる前にたくさん食べ、冬眠中は飲まず食わずで、起きません。はいせつもしません。

冬眠する動物たち

日本にはもともとニホンリス、エゾリス（キタリスの亜種）、エゾシマリス（シベリアシマリスの亜種）がすんでいるにゃ。このうち、冬眠するのはエゾシマリスだけにゃ。

| 哺乳類 | 鳥 | 昆虫 | 魚・水の生き物 | 両生類 爬虫類 | 動物一般 |

ぎもん 37

ライオンとトラとチーター、狩りの成功率が高いのはだれにゃ？

答えはどれだと思う？ 次の3つの中から選んでね。

1 ライオンにゃ。
おすもめすも協力するにゃ。

2 トラにゃ。
群れでえものをしとめるにゃ。

3 チーターにゃ。
スピードが最大の武器にゃ。

答えは次のページ →

3 チーターにゃ。

　この中だと、いちばん狩りの成功率が高いのはチーターです。
　チーターは陸上最速の動物で最高時速約110キロメートルで走ることができますが、全速力で走れる距離は、400メートルほどです。えものに逃げ切られることもあり、狩りに成功するのは2回に1回程度です。
　ライオンは、スタミナが少なく、ねらったえものに気づかれてしまうことも多いため、狩りの成功は4回に1回程度です。トラの成功率はもっと低く、10回に1回程度しか狩りが成功しません。
　肉食動物には強いイメージがあるかもしれません。しかし、彼らもいつも狩りに成功するわけではないのです。

チーターとインパラ

動物の中でいちばん狩りの成功率が高いのは、リカオンにゃ。狩りの成功率は5回に4回ぐらいと、非常に高いにゃ。

| 哺乳類 | 鳥 | 昆虫 | 魚・水の生き物 | 両生類 爬虫類 | 動物一般 |

ぎもん 38

魚の耳はどこにあるにゃ?

答えはどれだと思う? 次の3つの中から選んでね。

1 顔の真ん中あたりにゃ。
口のやや上のあなが耳のあなにゃ。

2 頭の中や体の両わきにゃ。
人間のような耳の形ではないにゃ。

3 えらの内側の赤いところにゃ。
いかにも耳の形にゃ。

答えは次のページ ➡

2 頭の中や体の両わきにゃ。

　魚には、哺乳類のような形の耳はありません。ですが、魚も音を感じ取る器官はちゃんと持っています。
　音とは、もののふるえです。水中を波となって伝わってくるふるえは、魚の体に当たり、頭の骨の中にある「内耳」というところで受け止められます。内耳が脳に伝えて、水中の物音を聞くのです。
　また、多くの魚の両わきには、えらから尾の方にかけて点線があります。これを「側線」といいます。側線は、水の流れの変化やゆれ方にとても敏感で、ここでも音を感じ取っています。
　魚は、体のいろいろな場所で音を聞いているのです。

水は空気よりも音がよく伝わるにゃ。人間の耳だと水中ではかえって聞き取りづらくなるにゃ。

| 哺乳類 | 鳥 | 昆虫 | 魚・水の生き物 | 両生類 爬虫類 | 動物一般 |

ぎもん 39

マグロは泳いでいないと生きられないって本当にゃ？

答えはどれだと思う？ 次の2つの中から選んでね。

1 本当にゃ。眠っているときも泳いでいるにゃ。
泳がないと酸素不足になるにゃ。

2 うそにゃ。止まることもあるにゃ。
食べ物をとるときに泳ぐにゃ。

83

答えは次のページ ➡

1 本当にゃ。眠っているときも泳いでいるにゃ。

　食べ物を求めて、太平洋を行き来するマグロは、長い距離を泳ぐ持久力を持っています。この強い力を出しているのは、赤い筋肉。刺し身の「赤身」はこの筋肉です。

　この赤い筋肉は、エネルギーを生み出すために大量の酸素が必要です。そのため、マグロは口を半開きにしたまま泳いで、口からえらにどんどん海水を通し、海水にふくまれる酸素を体に取りこんでいます。

　泳ぐのをやめたら、えらに入る海水がへり、酸素が不足して死んでしまいます。だからマグロは、眠っているときでも泳ぎ続けるのです。

　ただし、眠っているときは、スピードが落ちます。

泳ぐ向き

水の流れ

口とえらぶたは開いている。

ZZZ…

体が冷えるとエネルギーがよけいに必要になるから、温かい海を好んで泳ぐ種のマグロもいるにゃ。

| 哺乳類 | 鳥 | 昆虫 | 魚・水の生き物 | 両生類・爬虫類 | 動物一般 |

ぎもん 40

クマに出会ったらどうすればいいにゃ？

答えはどれだと思う？ 次の3つの中から選んでね。

1 目を見ながら後ずさりするにゃ。
目をそらさないことがとっても大切にゃ。

2 寝転んで死んだふりをするにゃ。
クマは動かないものに興味を示さないにゃ。

3 近くの木に登るにゃ。
クマは木に登れないにゃ。

答えは次のページ ➡

1 目を見ながら後ずさりするにゃ。

　クマは警戒心が強いため、ふつうは人間の気配を感じて逃げていきます。そのため、登山するときには、クマよけのすずを持っていくのが効果的です。それでも出会ってしまったときは、まずは落ち着いて立ち止まり、クマの方を見ながらゆっくり後ろに下がり、十分距離をとります。このとき、大声を出したり物を投げつけるなど、クマを刺激することをしてはいけません。また、クマよけスプレーを持っていればすぐ使えるように手に準備しましょう。近くにシカの死体などの食べ物があると、クマが立ち去らず、威嚇突進（ブラフチャージ）をしてくることがあります。あまりにも距離が近くなったら、迷わずクマよけスプレーを使いましょう。それでも突進が止められない場合は、おなかと首を守るように、地面にうつぶせになります。

クマに出会ったら

クマよけスプレー

クマは聴覚がびんかんなので、クマよけのすずを持つと近づいてきにくい。

特に、子育て時期の母グマは、子どもを守ろうとして警戒心が強くなっているにゃ。もし子グマを見かけても、絶対に近づいてはだめにゃ！

| 哺乳類 | 鳥 | **昆虫** | 魚・水の生き物 | 両生類爬虫類 | 動物一般 |

ぎもん 41

いちばん大きいチョウはどのくらい大きいにゃ？

答えはどれだと思う？ 次の3つの中から選んでね。

1 1メートル くらいにゃ。
肉食のチョウにゃ。

2 30センチメートル くらいにゃ。
鳥ぐらいの大きさにゃ。

3 10センチメートル くらいにゃ。
実は日本にいるチョウは大きい方にゃ。

87

答えは次のページ ➡

2 30センチメートル くらいにゃ。

　鳥をうつための散弾銃でうち落とされた、とても大きなチョウの標本が、イギリスの大英博物館に保管されています。

　そのチョウの名はアレキサンドラトリバネアゲハ。東南アジアのニューギニア島にすみ、めすは、はねを広げたときのはばが28センチメートルにもなります。初めてこの島をおとずれたヨーロッパ人は、このチョウの、まるで鳥のような大きさにおどろいたそうです。

　銃でうち落としたのは、探検家のミーク。ミークはチョウとわかっていましたが、どうしても手に入れたかったため、うったともいわれています。

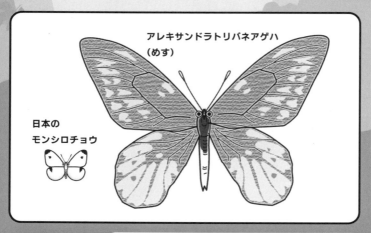

アレキサンドラトリバネアゲハ（めす）

日本のモンシロチョウ

トリバネアゲハのなかまは、おすとめすとではねの色や形がかなりちがうにゃ。ジャングルの高いところを飛び回るにゃ。幼虫も大きく、10センチメートルをこえる長さに成長するにゃ。

| 哺乳類 | 鳥 | 昆虫 | 魚・水の生き物 | 両生類 爬虫類 | 動物一般 |

ぎもん 42

トビウオは何メートルくらい飛ぶにゃ？

答えはどれだと思う？ 次の3つの中から選んでね。

1. 10メートルくらいにゃ。
息をするためにゃ。

2. 50メートルくらいにゃ。
飛びながら虫を食べるにゃ。

3. 100メートル以上にゃ。
ひれをつばさみたいに使うにゃ。

答えは次のページ ➡

3 100メートル以上にゃ。

　トビウオは、大きな魚に追いかけられ、海の中で身の危険を感じると飛びます。海面すれすれを風に乗って、100メートル以上飛ぶことができます。

　飛ぶときは、まず、水中で尾びれを激しく振ってスピードを上げ、海面から飛び出します。勢いよく飛び出すと、たたんでいた胸びれと腹びれを広げて、グライダーのように風に乗って滑空します。空中では体を左右に傾けて方向を変えることもでき、高度が下がったら、尾びれで水面をたたいて勢いをつけ、さらに遠くまで飛ぶことができます。

　飛んで逃げることができるトビウオですが、シイラという大きな魚に飛びかかっておそわれたり、海鳥に空からおそわれたりすることもあります。

水上を飛ぶトビウオ

世界にはトビウオのなかまが約60種類いるにゃ。あたたかい海の表層にすんでいて、プランクトンなどを食べて暮らしているにゃ。

| 哺乳類 | 鳥 | 昆虫 | 魚・水の生き物 | 両生類 爬虫類 | 動物一般 |

ぎもん 43

ひよこは、初めて見た大きな動くものを親と思うって本当にゃ？

答えはどれだと思う？ 次の2つの中から選んでね。

1 うそにゃ。においで親をかぎ分けるにゃ。

ひよこは鼻がよくきくにゃ。

2 本当にゃ。おもちゃでも親になれるにゃ。

最初に何を見るかが大切にゃ。

答えは次のページ

2 本当にゃ。おもちゃでも親になれるにゃ。

ふつう、親鳥が卵を温めるため、かえったひなの近くには親鳥がいて、親鳥が歩けば、ひなはそのあとをついて歩きます。これは、親をまちがえないための、ひなにそなわった本能です。

ところが、ニワトリやアヒルなどを人間が飼う場合、ひながかえったとき、近くに親がいないことがあります。するとひなは、自分より大きくて動くものを親だと思いこみ、そのあとをついて歩くようになります。人間でもイヌでもおもちゃでも、親だと思ってしまうのです。ただ、カモのひなの場合は、声もしないと、親だとは思わないこともあります。

大きくて動くなら、イヌも親だと思う。

動けば、生き物以外でも親だと思う。

ひなが、近くにいる動く大きなものを親だと思うことを「すりこみ」というにゃ。すりこみの行われる期間は生後3日くらいまでにゃ。その期間を過ぎると、もう親だとは思わないにゃ。

92

| 哺乳類 | 鳥 | 昆虫 | 魚・水の生き物 | 両生類 爬虫類 | 動物一般 |

ぎもん 44

水の上を走るトカゲがいるって本当にゃ？

答えはどれだと思う？ 次の3つの中から選んでね。

1 走るというより、アメンボみたいに浮くにゃ。
ゆっくりすいすい進むにゃ。

2 うそにゃ。水辺を走っていて、誤解されただけにゃ。
そのまま水の上を走ると思われたにゃ。

3 本当にゃ。しずまずに水の上を走れるにゃ。
すごい速さでダッシュするにゃ。

93

答えは次のページ ➡

3 本当にゃ。しずまずに水の上を走れるにゃ。

　水の上を走るにはどうすればいいでしょう？　右あしを出して、しずむ前に左あしを出す。その左あしがしずむ前に、さらに右あしを出す…。こうすればたしかに走れますが、そんなことは、ふつうの人間には無理ですよね。

　でもそれをやってのけるのが、中央アメリカにすむトカゲ、バシリスクのなかまです。敵におそわれたりおどろいたりすると、2本あしで水面を走ってにげます。1秒間に約20回も両あしを動かします。

　また、バシリスクの後ろあしの指には、うろこがあり、このうろこを広げることで、水にしずみにくくなります。さかさまにした洗面器を水面に平らに置くとしずみにくいのと同じ原理です。

水の上を走るグリーンバシリスク

バシリスクの体は約100グラムと軽く、これも水の上を走ってもしずみにくい理由のひとつにゃ。バシリスクは、ふだんは水の近くで生活し、泳ぎが得意にゃ。

| 哺乳類 | 鳥 | 昆虫 | 魚・水の生き物 | 両生類 爬虫類 | 動物一般 |

ぎもん 45

魚みたいだけど魚じゃない生き物がいるって本当にゃ？

答えはどれだと思う？　次の3つの中から選んでね。

1. イルカは魚じゃないにゃ。
おへそもあるにゃ。

2. サメは魚じゃないにゃ。
肉食の哺乳類にゃ。

3. タツノオトシゴは魚じゃないにゃ。
息つぎもしてるにゃ。

答えは次のページ ➡

1 イルカは魚じゃないにゃ。

　海に生息していて魚のようなすがたをしていますが、イルカは人間と同じ、哺乳類です。魚と哺乳類にはさまざまなちがいがありますが、特に大きく異なることのひとつが、呼吸の仕方です。

　魚にはえらがあり、水中の酸素を取り込むことで呼吸ができます（えら呼吸）。サメにもタツノオトシゴにも、えらがあります。

　イルカにはえらがないので、水中では呼吸ができません。そのため、人間が泳ぐときと同じように、息つぎで空気から酸素を取り込みます（空気呼吸）。呼吸には噴気孔という頭の上にあるあなを使います。これは、人間でいう鼻のあなです。この噴気孔を水上に出して呼吸します。噴気孔は閉じることもでき、ふだん水中では閉じて生活しています。

イルカの噴気孔

> イルカは、クジラのなかまの鯨目（または鯨偶蹄目）に分類されるにゃ。鯨目には、クジラやイルカのほかにも、シャチやイッカクがふくまれているにゃ。

| 哺乳類 | 鳥 | 昆虫 | 魚・水の生き物 | 両生類・爬虫類 | 動物一般 |

ぎもん 46

ハトが乳で子育てするって本当にゃ？

答えはどれだと思う？ 次の2つの中から選んでね。

1
本当にゃ。めすが乳を出すにゃ。
哺乳類とまったくいっしょにゃ。

2
うそにゃ。でも、乳みたいなものは出すにゃ。
おすもめすも出せるにゃ。

答えは次のページ

2 うそにゃ。でも、乳みたいなものは出すにゃ。

ハトは哺乳類ではないので、おっぱいから乳を出すわけではありません。ただ、「ピジョンミルク（ピジョンとは、英語でハトのこと）」とよばれるものを口からひなにあたえます。

牛乳のようなさらさらしたものではなく、脂肪やタンパク質をたっぷりふくんでいて、とろけたチーズのようなものです。

ピジョンミルクは口と胃の間にある食道の一部が、ふくろのようにふくらんだ「そのう」という器官でつくられます。ひなは親鳥のくちばしの中に、小さなくちばしをつっこんでこれを飲みます。

哺乳類の乳はめすしか出しませんが、ピジョンミルクはおすも出します。

そのう

ひなが少し大きくなると、親鳥が「そのう」でやわらかくした食べ物を、ひなにあたえるようになるにゃ。ハトの夫婦仲はよく、おすとめすが協力して子育てするにゃ。

| 哺乳類 | 鳥 | 昆虫 | 魚・水の生き物 | 両生類・爬虫類 | 動物一般 |

ぎもん 47

どんなゾウが、群れのリーダーになるにゃ？

答えはどれだと思う？ 次の3つの中から選んでね。

1 いちばん強いおすのゾウにゃ。
強いと、たよりになるにゃ。

2 いちばん年よりのおばあさんゾウにゃ。
群れでいちばん物知りにゃ。

3 いちばん若いお母さんゾウにゃ。
働きざかりで元気だからにゃ。

答えは次のページ ➡

2 いちばん年よりのおばあさんゾウにゃ。

ゾウは、群れで生活する動物です。いちばん年よりのおばあさんがリーダーとなり、その娘たちや、さらにその子どもたちで群れをつくっています。つまりゾウの群れは、血のつながりがあるめすたちの集団なのです。

おすの子ゾウは、成長すると群れを出て、1頭でくらすようになります。

おばあさんゾウは、長年の経験で、どこにおいしい草や水飲み場があるかを知っています。また、きけんなことが起きたときにもたよりになるので、群れのゾウたちはみな、おばあさんゾウにしたがいます。

ゾウの群れは、めすと子どもの集団。おすはふつう単独でくらす。

群れのゾウたちはおたがいに助け合い、子どもや赤ちゃんを大切にするにゃ。自分の子でなくてもめんどうをみて、移動や昼寝のときは、群れの真ん中に入れて守るにゃ。

| 哺乳類 | 鳥 | **昆虫** | 魚・水の生き物 | 両生類爬虫類 | 動物一般 |

ぎもん 48

クモは、なぜ自分の巣の糸に引っかからないにゃ？

答えはどれだと思う？ 次の3つの中から選んでね。

1 ねばらない糸の上を歩くからにゃ。
たての糸は、ねばらないにゃ。

2 あしに油がついているからにゃ。
油がぬるぬるするにゃ。

3 つま先で歩いているからにゃ。
糸に、ほとんどふれていないにゃ。

101

答えは次のページ ➡

1 ねばらない糸の上を歩くからにゃ。

クモの巣は、あみの目状になっていて、ねばねばしています。えものがあみにふれると、くっついてにげられなくなります。

しかし、クモ自身はあみにからまずに、すいすい歩けます。そのわけは、クモがねばらない糸だけを選んで歩いているからです。クモの糸を虫めがねでよく見ると、横糸にはねばねばがついていますが、たて糸にはついていません。クモは、つめをたて糸に引っかけながら、横糸にふれないように、じょうずに歩いているのです。

でも、ときにはまちがえて横糸にふれてしまい、あみをほころばせてしまうこともあります。

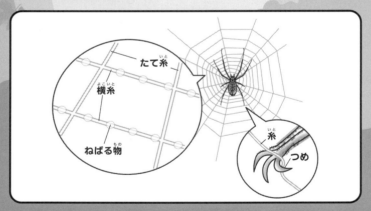

あみをはるクモのあしの先には、3本のつめがあり、これを使ってすべるように歩くにゃ。えものがかかったときのあみのふるえを、あし先で感じるにゃ。あみをはらないクモもたくさんいるにゃ。

| 哺乳類 | 鳥 | 昆虫 | 魚・水の生き物 | 両生類 爬虫類 | 動物一般 |

ぎもん 49

トカゲは、なぜしっぽが切れても平気にゃ？

答えはどれだと思う？ 次の3つの中から選んでね。

1 しっぽには筋肉がなく痛くないにゃ。
骨もないにゃ。

2 切れることで命を守るしくみだからにゃ。
切れる部分が決まっているにゃ。

3 だっ皮して、新しい体になるにゃ。
いつも皮をぬいでいるにゃ。

103

答えは次のページ ▶

2 切れることで命を守るしくみだからにゃ。

　トカゲやカナヘビ、ヤモリのなかまには、敵の攻撃など外部からの刺激を受けると自分でしっぽを切る種がいます。これを「自切」といいます。切れたしっぽはしばらく動き続けるので、敵がそちらに気をとられているすきに逃げるのです。

　どの部分でも切れるわけではなく、体に伝わった刺激がしっぽの筋肉を収縮させて、「自切面」というしっぽの骨の決まったか所が切れるようになっています。しっぽの細胞は再生力が強く、切り口からは、新しいしっぽが生えてきます。ただ、人間がてきとうな部分を切っても、生えてきません。

しっぽを再生できるのは1回だけにゃ。しかも、再生されたしっぽの中にできるのは、かたい骨じゃなくて、軟骨にゃ。

| 哺乳類 | 鳥 | 昆虫 | 魚・水の生き物 | 両生類 爬虫類 | 動物一般 |

ぎもん 50

水の上で生活する鳥は、なぜしずまないにゃ？

答えはどれだと思う？ 次の3つの中から選んでね。

1 空気をふくんだ羽毛があるにゃ。
水もはじくにゃ。

2 見えにくいはねで羽ばたき続けているにゃ。
実はいつもちょっと飛んでいるにゃ。

3 うきぶくろを体の中に持っているにゃ。
魚と同じにゃ。

105

答えは次のページ ➡

1 空気をふくんだ羽毛があるにゃ。

アヒルやカモなどの水鳥は、水の上をすいすい泳いで生活しています。水鳥のはねには、外側のはねと、内側のふわふわとやわらかい綿のような羽毛の2種類があります。

内側の羽毛（ダウン）は、空気をたくさんふくんでいて、うきぶくろの役目をしています。

外側のはねは水をはじきます。鳥のおしりには、いぼのような「尾脂腺」という器官があり、ここからあぶらが出るしくみになっています。水鳥は、このあぶらをくちばしにつけては、体中のはねにこすりつけて、はねの内側に水が入らないようにしています。

この2種類のはねのおかげで、水鳥は水にうかんでいられるのです。

内側の毛。空気を多くふくみ、うきぶくろの役目をする。

外側の毛。水をはじく。

鳥の骨の中は空どうになっていて、体がたいへん軽くできているにゃ。これは空を飛ぶために役立っているのにくわえて、水鳥の場合は、水の上で生活するのにも便利にゃ。

| 哺乳類 | 鳥 | 昆虫 | 魚・水の生き物 | 両生類・爬虫類 | 動物一般 |

ぎもん 51

毎日たくさんの生き物が絶滅しているって本当にゃ？

答えはどれだと思う？ 次の2つの中から選んでね。

1 うそにゃ。

技術が発達したので絶滅しなくなったにゃ。

2 本当にゃ。

毎日約100種類が絶滅しているにゃ。

答えは次のページ

2 本当にゃ。

地球には、まだ発見されていないものもふくめて、1100万種以上の生き物がいると考えられています。どこに多くすんでいるかというと、熱帯のジャングル。そして、海です。

人間はジャングルを焼きはらって、畑や牧場にしたり、道路や家をつくったりしています。そうするとたくさんの生き物がすむ場所をなくして、やがて絶滅してしまいます。

また、地球温暖化が進み、海水の温度が上がっているため、海でも生き物の絶滅が加速しています。

計算すると、1日約100種類の生き物が絶滅していることになるのです。

18世紀に絶滅したステラーダイカイギュウ

現在絶滅が心配されている動物
ジャイアントパンダ
シロサイ、クロサイ、インドサイ
ゴリラ、オランウータン
チーター、ユキヒョウ
ラッコ、ジュゴン
キューバワニ
ミスジハコガメ、アカウミガメ
など…

18世紀に発見された動物にジュゴンのなかまのステラーダイカイギュウがいたにゃ。しかし、毛皮や肉を求めた人間に狩られ続け、発見からわずか27年で絶滅してしまったにゃ。

108

| 哺乳類 | 鳥 | 昆虫 | 魚・水の生き物 | 両生類 爬虫類 | 動物一般 |

ぎもん 52

サケは、なぜ生まれた川にもどってこられるにゃ?

答えはどれだと思う? 次の3つの中から選んでね。

1
川から遠い海へは行かないからにゃ。
近くの海を泳ぐだけにゃ。

2
においや太陽の位置が目じるしにゃ。
でもまだ完全には解明されていないにゃ。

3
実は、生まれた川にもどっていないにゃ。
昔の人が考えた、めいしんにゃ。

109

答えは次のページ ➡

2 においや太陽の位置が目じるしにゃ。

　サケは海にすむ魚ですが、川で卵を産みます。秋になると卵を産みに川を上ります。川で卵からかえった赤ちゃんは、春になると海へ下り、3〜4年かけておとなになります。そしてまた生まれた川にもどってくるのです。

　どうして広い海から生まれた川にもどれるのか、はっきりしたことはわかっていません。ただ、水の中でも太陽の光は感じられるので、おそらく太陽の位置をたよりにしていると考えられています。

　また、地球は大きな磁石なので、その磁石の見えない力（磁力）を感じているともいわれています。

　こうしておおよその位置までたどりついたサケは、においを手がかりに、生まれた川をさがし当てているようです。

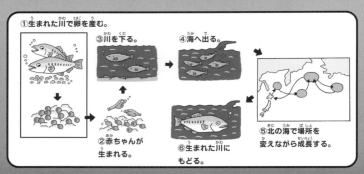

①生まれた川で卵を産む。
②赤ちゃんが生まれる。
③川を下る。
④海へ出る。
⑤北の海で場所を変えながら成長する。
⑥生まれた川にもどる。

　めすのサケは、川底にあなをほり、卵を産むにゃ。その間おすは、じゃまが来ないように守るにゃ。卵を産み終わっためすは、砂をかけてかくすにゃ。産む卵は約3000個にゃ。

| 哺乳類 | 鳥 | 昆虫 | 魚・水の生き物 | 両生類 爬虫類 | 動物一般 |

ぎもん 53

サンゴって動物にゃ？植物にゃ？

答えはどれだと思う？　次の2つの中から選んでね。

1 ## 動物にゃ。

イソギンチャクのなかまにゃ。

2 ## 植物にゃ。

水草のなかまにゃ。

答えは次のページ ➡

1 動物にゃ。

海の中でじっとして動かないサンゴは植物のように見えますが、イソギンチャクやクラゲと同じ「刺胞動物」という動物です。このなかまは、毒の針が飛び出る「刺胞」という器官をもっています。

サンゴは卵を産んで増えます。卵は海中をただよい、卵からかえった子ども（幼生）は、やがて小さな個体になり、岩などにくっつきます。個体は手のような触手を動かして海中のプランクトンをとって食べます。また、個体が分裂してたくさんつながり「群体」という大きなかたまりになります。

サンゴには、体がかたい種がいますが、これは体の中に石灰質の骨格があるためです。

サンゴの群体

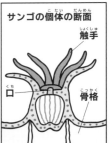

サンゴの個体の断面
触手
口
骨格

サンゴの体内には藻のなかまがすんでいて、太陽の光を使って栄養をつくるにゃ。サンゴはこの栄養ももらって成長するにゃ。

| 哺乳類 | 鳥 | 昆虫 | 魚・水の生き物 | 両生類 爬虫類 | 動物一般 |

ぎもん 54

ヘビは泳げるにゃ？

答えはどれだと思う？ 次の2つの中から選んでね。

1 じょうずに泳げるにゃ。
くねくね泳ぐにゃ。

2 泳げないにゃ。しずんでしまうにゃ。
体が泳ぎに向いていないにゃ。

113

答えは次のページ ➡

1 じょうずに泳げるにゃ。

ヘビは、地上を、体をくねらせて動きます。胸の骨（ろっ骨）がたくさんあり、おなかの筋肉によって、前後左右に動くため、前に進むことができるのです。

水中でも同じで、体は水にうくので、水面近くを、体をくねらせて泳ぎます。水の中では呼吸ができないので、鼻は水面に出していて、長い時間もぐることもできません。

ウミヘビは、水上でなく水中を泳げます。長い肺を持っているので、海面で空気をすうと、長い時間水中にいられます。

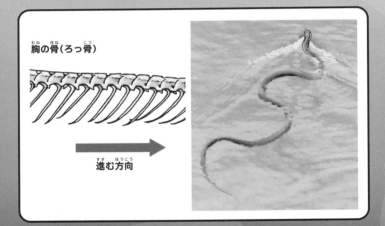

胸の骨（ろっ骨）

進む方向

ヘビは体が長いので、内臓も長い形になっているにゃ。肺は左側がとても小さく、右の肺が大きく長くなっているにゃ。ウミヘビはさらに長い肺を持っているにゃ。

| 哺乳類 | 鳥 | 昆虫 | 魚・水の生き物 | 両生類 爬虫類 | 動物一般 |

ぎもん 55

ワニって水中でも呼吸できるにゃ？

答えはどれだと思う？　次の2つの中から選んでね。

1 できるにゃ。

魚と同じで、えら呼吸をするにゃ。

2 できないにゃ。

水から鼻だけ出して呼吸するにゃ。

答えは次のページ

2 できないにゃ。

ワニは、わたしたち人間と同じように空気中の酸素を肺で取り込んで呼吸をする生き物で、水中で呼吸をすることはできません。水中でじっとえものを待ち伏せしている間も、よく見ると、目、鼻、耳が水面に出ていることがわかります。

えものをとるために水中にもぐるときは、鼻のあなと耳のあなを閉じます。また、のどには肉でできたひだがあり、肺や胃に水が入らないようにふたの役割をします。

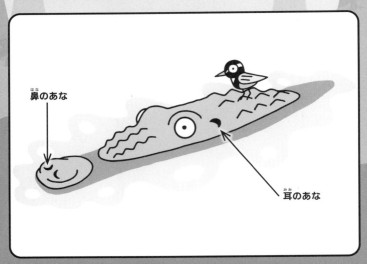

鼻のあな

耳のあな

ワニは結構長生きで、中型や大型の種のワニは70〜80歳くらいまで生きるといわれてるにゃ。

| 哺乳類 | 鳥 | **昆虫** | 魚・水の生き物 | 両生類 爬虫類 | 動物一般 |

ぎもん 56

アメンボはどうして水に浮くことができるにゃ？

答えはどれだと思う？　次の3つの中から選んでね。

1 あしの形に秘密があるにゃ。
体が軽いのも大事なことにゃ。

2 実はちょっとだけ飛んでいるにゃ。
こまかく羽ばたいているにゃ。

3 水面をすごい速さで走っているからにゃ。
前のあしが沈む前に次のあしを踏み出すにゃ。

117

答えは次のページ ➡

1 あしの形に秘密があるにゃ。

　水たまりや池を見ると、水に浮いているアメンボを見かけることがあります。どのようにして浮いているのでしょう。アメンボのあしの先には、水をはじく細かい毛がたくさんついています。この毛のおかげで、水の上に浮くことができます。また、体が軽いことも重要な理由のひとつです。水の上では6本あるあしのうち、真ん中の2本をオールのように使って移動します。

　アメンボは水に浮くだけでなく、陸の上を歩くこともできます。また、はねが生えているので、飛ぶこともできます。

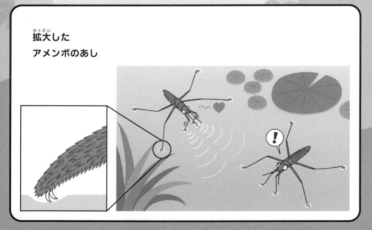

拡大した
アメンボのあし

　アメンボは、カメムシのなかまでにおいを発する特徴を持っているにゃ。お菓子の「あめ」のようなにおいを出すことから、アメンボと呼ばれたという説もあるにゃ。

118

| 哺乳類 | 鳥 | **昆虫** | 魚・水の生き物 | 両生類 爬虫類 | 動物一般 |

ぎもん 57

昆虫には、骨がないにゃ？

答えはどれだと思う？ 次の2つの中から選んでね。

1
あるにゃ。人間といっしょにゃ。
背中には大きな骨があるにゃ。

2
ないにゃ。骨のかわりになるものはあるにゃ。
人間のような骨とはちがうにゃ。

119

答えは次のページ ➡

2 ないにゃ。骨のかわりになるものはあるにゃ。

哺乳類や鳥類などの体には骨があります。骨には体をささえる役目があり、もし骨がなかったら、タコやクラゲのようにくにゃくにゃの体になってしまいます。

昆虫には骨がないのですが、くにゃくにゃしていません。実は、体の外側がかたく、骨の役割をしているのです。これを「外骨格」といいます。外骨格はクチクラという、じょうぶなかわでできています（哺乳類や鳥類などの骨は「内骨格」といいます）。

外骨格のおかげで、昆虫は骨がなくても、体をささえたり、身を守ったりすることができるのです。

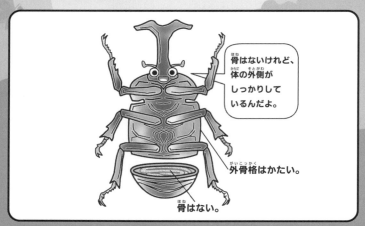

骨はないけれど、体の外側がしっかりしているんだよ。

外骨格はかたい。

骨はない。

クチクラは、あるていどの大きさになると、自分の重みでつぶれてしまうにゃ。巨大な昆虫がいないのは、そのためだと考えられているにゃ。

| 哺乳類 | 鳥 | 昆虫 | 魚・水の生き物 | 両生類・爬虫類 | 動物一般 |

ぎもん 58

ゾウは1日にどのくらいの量を食べるにゃ？

答えはどれだと思う？ 次の3つの中から選んでね。

1. 10キログラムくらいにゃ。
すぐに食べ終わるにゃ。

2. 50キログラムくらいにゃ。
お茶わん300杯くらいにゃ。

3. 100キログラム以上にゃ。
食べるだけで10時間以上かかるにゃ。

答えは次のページ

3 100キログラム以上にゃ。

　陸上でいちばん大きな動物はアフリカゾウです。大きな個体は、全長7メートル、体重が7トンを超えることもあります。
　こんなに大きな体を持つアフリカゾウは食べる量もとても多く、野生のゾウは、1日130キログラムもの量を食べます。主に草や木の葉、果実などを食べ、1日の14時間を食事に費やします。
　また、毎日水場に行って、水も100リットル以上飲みます。乾季で水場が干上がっているときは、水を探すために川底にあなを掘ることもあります。

食事をするアフリカゾウ

ゾウの全長は、鼻の先から尾の先までの水平距離をはかるにゃ。体重をはかるときは、専用の大きな体重計ではかるにゃ。

| 哺乳類 | 鳥 | 昆虫 | 魚・水の生き物 | 両生類・爬虫類 | 動物一般 |

ぎもん 59

クジラのふく、「しお」の正体って何にゃ？

答えはどれだと思う？ 次の3つの中から選んでね。

1. ふき上げた海水でなかまと交信するにゃ。
「塩」ではないにゃ。

2. くしゃみにゃ。塩分が大量にふくまれるにゃ。
ときどき大きいくしゃみをするにゃ。

3. クジラがはき出した息にゃ。
白く見えるにゃ。

123

答えは次のページ ➡

3 クジラがはき出した息にゃ。

クジラが頭からふん水のようにふき出すものを「しお（潮）」といいます。クジラの鼻のあなは、頭の上面にあり、しおは、その鼻のあなからすごいいきおいではき出された息が大部分です。体内の温かい息が空気で冷やされて、息にふくまれる水じょう気が小さな水滴になって白く見えるのです。人間が寒い日に息をはくと、白く見えるのと同じです。また、鼻のあなの近くの海水も吹き飛ばされます。

クジラは肺で呼吸をする哺乳類。魚のようなえらがないので、ときどき海面に出て、呼吸をしなければならないのです。

プシューッ！

鼻のあなが1つのクジラと2つのクジラがいるにゃ。また、息といっしょに、鼻の周辺にたまった海水もふき上げられるにゃ。そのため、しおの形を見ると、クジラの種類がわかるにゃ。

| 哺乳類 | 鳥 | 昆虫 | 魚・水の生き物 | 両生類 爬虫類 | 動物一般 |

ぎもん 60

野生の動物は、虫歯にならないにゃ？

答えはどれだと思う？ 次の2つの中から選んでね。

1 実はよく虫歯になっているにゃ。
草食動物がよく虫歯になるにゃ。

2 ほとんど虫歯にならないにゃ。
自然界にはさとうがないからにゃ。

答えは次のページ

2 ほとんど虫歯にならないにゃ。

　あまいさとうは、虫歯菌の大好物です。口の中にさとうが残っていると、虫歯菌がはんしょくして、歯をとかしてしまいます。

　自然界には、お菓子のようにさとうがそのままたくさん入った食べ物がないので、野生動物がふつうに食事をしているのであれば、虫歯にはまずなりません。ただ、肉食動物は、年をとって歯がすりへったり、けんかで歯がきずついたりすると、菌が入って虫歯になることもあります。しかし、肉食動物が歯をきずつけてしまうと、狩りができなくなるので、虫歯になる前に命を落とすことも多いです。

　歯をいためにくい草食動物は、なおさら虫歯にはなりにくいです。

　人間に飼われている動物は、さとうの入ったあまい食べ物をもらうこともあるので、虫歯になるきけんがあるにゃ。ペットを飼うときには、歯の健康にも気をつけるにゃ。

| 哺乳類 | 鳥 | 昆虫 | 魚・水の生き物 | 両生類 爬虫類 | 動物一般 |

ぎもん 61

オタマジャクシのしっぽはどこにいくにゃ？

答えはどれだと思う？ 次の3つの中から選んでね。

1 カエルになるときに切れるにゃ。
自然にとれるにゃ。

2 体に吸収されるにゃ。
切れるわけではないにゃ。

3 自分で切って食べちゃうにゃ。
栄養がたくさんにゃ。

答えは次のページ

2 体に吸収されるにゃ。

　カエルは、子どもの時期は水中で、おとなになると陸上で生活します。そのため、成長の途中で子どもの体からおとなの体へと、大きくつくりが変わります。これを「変態」といいます。
　最初は尾を持ったオタマジャクシの姿で生まれて、その後、あしと手が順番に生えます。それから尾が少しずつ体に吸収されていきます。オタマジャクシとカエルでは食べ物の取り方がちがうので、この間に口のつくりも変わります。この時期、オタマジャクシは何も食べられなくなりますが、吸収した尾の栄養を使って乗り越えるのです。

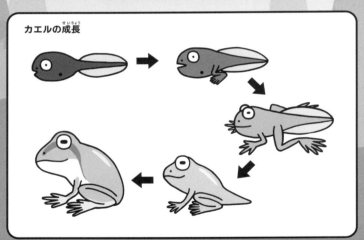

カエルの成長

オタマジャクシは水中の酸素をえらや皮ふから吸収して呼吸するにゃ。変態したあとのカエルは、空気中の酸素を、肺や皮ふから取り入れて呼吸するにゃ。

| 哺乳類 | 鳥 | **昆虫** | 魚・水の生き物 | 両生類 爬虫類 | 動物一般 |

ぎもん 62

カメムシは自分が出すにおいが平気にゃ？

答えはどれだと思う？ 次の2つの中から選んでね。

1 平気にゃ。

自分が出すにおいは感じないにゃ。

2 平気じゃないにゃ。

出したにおいで苦しむときもあるにゃ。

129

答えは次のページ ➡

2 平気じゃないにゃ。

カメムシのなかまには多くの種類がいますが、その中でくさいにおいを出すのはごく一部です。鳥などの敵におそわれると「臭腺」という器官からにおいを出し自分の身を守ります。しかし、あまりにも強烈で、容器などに密閉して閉じ込めると、自分のにおいで苦しむこともあります。屋外ではにおいが風で拡散されるので、そのようなことはありません。

においの主な成分はアルデヒド類という化学物質です。においは近くにいるなかまに危険を知らせたり、冬眠の前になかまを集めたりするのに使われます。

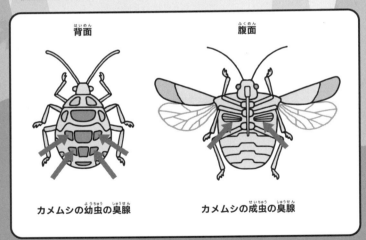

背面　　　　腹面

カメムシの幼虫の臭腺　　　カメムシの成虫の臭腺

カメムシが出すにおいは種によって少しずつちがっているにゃ。キバラヘリカメムシやオオクモヘリカメムシは青リンゴのようなにおいを出すにゃ。

| 哺乳類 | 鳥 | 昆虫 | 魚・水の生き物 | 両生類・爬虫類 | 動物一般 |

ぎもん 63

ムササビはどのくらいの距離を飛べるにゃ？

答えはどれだと思う？　次の3つの中から選んでね。

1　3メートルくらいにゃ。
飛ぶというよりジャンプする感じにゃ。

2　10メートルくらいにゃ。
素早く羽ばたくにゃ。

3　100メートル以上飛べるにゃ。
遠くまで滑空するにゃ。

答えは次のページ

答え

3 100メートル以上飛べるにゃ。

　鳥のように羽ばたいたり、飛行機のようにエンジンの力に頼ったりせず、空気の流れを利用して羽ばたかずに飛ぶことを「滑空」といいます。ムササビは前あしと後ろあしの間、後ろあしと尾の間に飛膜という皮ふが発達していて、これを広げて滑空し、木から木へと飛び移ります。
　滑空の場合、飛びはじめた場所よりも必ず低い位置におりるので、ムササビは飛び移った先の木を登り、再び滑空することで移動します。うまく風に乗って、160メートルも飛んだという記録があります。

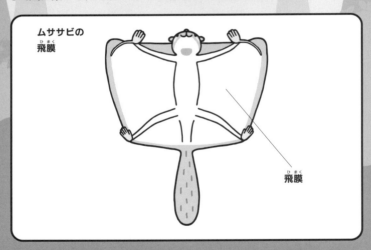

ムササビの飛膜

飛膜

　ムササビのほかに、モモンガ、ヒヨケザル、フクロムササビ、フクロモモンガも飛膜を使って滑空するにゃ。ちなみに、コウモリはつばさに進化した飛膜をもっていて、羽ばたいて飛んでるにゃ。

| 哺乳類 | 鳥 | 昆虫 | 魚・水の生き物 | 両生類 爬虫類 | 動物一般 |

ぎもん 64

レッサーパンダとジャイアントパンダは同じなかまにゃ？

答えはどれだと思う？　次の3つの中から選んでね。

1. 同じなかまにゃ。
だから両方ともパンダってついているにゃ。

2. 別のなかまとされているにゃ。
でも、どちらもササやタケの葉を食べるにゃ。

3. レッサーパンダが大きくなると、ジャイアントパンダになるにゃ。
0～3さいがレッサーパンダにゃ。

133

答えは次のページ →

2 別のなかまとされているにゃ。

よくパンダと呼ばれる、黒と白のもようの動物は、ジャイアントパンダです。茶色くて小さい動物がレッサーパンダです。どちらもパンダという名で、ササやタケの葉を食べますが、別のなかまとされています。

動物の遺伝子を調べて、進化を研究した結果、現在はジャイアントパンダはクマのなかま、レッサーパンダはイタチやアライグマに近いなかまと考えられています。

でも、ジャイアントパンダもレッサーパンダも、ササやタケを持つのにつごうのよい、6本目の指を持っていたりするので、同じなかまとした方がよいと考える研究者もいます。

先に発見されたのはレッサーパンダにゃ。その後、白黒のパンダが見つかり、大きいという意味の「ジャイアント」がつき、茶色い方には、小さいという意味の「レッサー」がついたにゃ。

| 哺乳類 | 鳥 | 昆虫 | 魚・水の生き物 | 両生類 爬虫類 | 動物一般 |

ぎもん 65

日本にオオカミが いたって本当にゃ？

答えはどれだと思う？　次の2つの中から選んでね。

1 うそにゃ。

オオカミににた野犬はいたにゃ。

2 本当にゃ。

でも絶滅して、今はいないにゃ。

答えは次のページ

2 本当にゃ。

日本にいたオオカミは、北海道にすんでいた「エゾオオカミ」と、本州、四国、九州にすんでいた「ニホンオオカミ」の2種類です。

明治時代に北海道の開拓が進むと、エゾオオカミはえものがとれなくなり、家畜をおそうようになりました。そのため、人間の手でたくさん殺され、1896年ごろすがたを消しました。

ニホンオオカミも、1905年に奈良県でつかまえられた1頭のおすを最後に、いなくなりました。家畜の敵とされたうえに、人にもうつる狂犬病やジステンパーなどの病気が広がった原因とされ（実際には、ニホンオオカミから広がったのではなく、ヨーロッパから入ってきたといわれています）、たくさん殺されたからです。

奈良県で見つかった、最後のニホンオオカミの像

人間が森を切りひらくまで、オオカミは人里に出てこなかったにゃ。でも、森が少なくなるにつれ人里に出るようになり、人間にきらわれるようになったにゃ。

| 哺乳類 | 鳥 | 昆虫 | 魚・水の生き物 | 両生類 爬虫類 | 動物一般 |

ぎもん 66

子育てをしない鳥が いるって本当にゃ？

答えはどれだと思う？　次の3つの中から選んでね。

1
本当にゃ。ひな鳥は自分で成長するにゃ。
だからとても強い鳥になるにゃ。

2
いるにゃ。ほかの鳥に子育てさせるにゃ。
ほかの鳥の巣に卵を産むにゃ。

3
うそにゃ。鳥はしっかり子育てするにゃ。
それが親鳥とひな鳥のきずなにゃ。

137

答えは次のページ ➡

2 いるにゃ。ほかの鳥に子育てさせるにゃ。

のき下などに巣をつくるツバメは、春になるとせっせと子育てしています。でも、そんな鳥ばかりではありません。ほかの鳥の巣に卵を産み、子育てまでさせる鳥もいるのです。

たとえばカッコウ。モズなどの巣に、母鳥がるすのすきをついて、自分の卵を産みます。モズの母鳥は、カッコウの卵もいっしょに温めます。すると早くかえったカッコウのひなは、まわりにあるモズの卵を巣からおし出してわってしまいます。モズの母鳥は、残ったカッコウのひなを自分のひなとかんちがいして、せっせと子育てするのです。

こうして育ったカッコウは、モズの母鳥よりも大きくなり、飛べるようになると去っていきます。

自分よりも大きくなったカッコウのひなに、えさをあたえるモズ。自分の本当のひなは、もういない。

ほかの鳥の巣に卵を産み、子育てをさせる習性を、「托卵」というにゃ。カッコウの托卵が有名で、モズの巣のほか、オオヨシキリやホオジロの巣にも産むにゃ。

| 哺乳類 | 鳥 | 昆虫 | **魚・水の生き物** | 両生類 爬虫類 | 動物一般 |

ぎもん 67

タツノオトシゴって、どうやって生まれるにゃ？

答えはどれだと思う？ 次の3つの中から選んでね。

1 おすのおなかのふくろから生まれるにゃ。
赤ちゃんのすがたで出てくるにゃ。

2 めすの口の中から生まれるにゃ。
卵を口の中でかえして育てるにゃ。

3 おとなのしっぽが切れて子になるにゃ。
うずまきの尾が分身するにゃ。

答えは次のページ

1 おすのおなかのふくろから生まれるにゃ。

　海の中を、立ったようなしせいで泳ぐタツノオトシゴは、ヨウジウオという魚のなかまです。魚のなかまはふつう卵で生まれるはずですが、タツノオトシゴは何とおすのおなかの部分から、赤ちゃんのすがたで生まれます。

　実は、タツノオトシゴのおすのおなかには、子育て用のふくろがあり、めすはこのふくろに卵を産みつけます。200個ほどの卵は、おすのふくろで50日くらい守られます。そして赤ちゃんがかえると、赤ちゃんはおすのふくろから1匹ずつ出てきます。

タツノオトシゴのおすの「出産」

おすは赤ちゃんを産むとき、尾を海そうなどにまきつけ、身をくねらせながらおし出すにゃ。苦しい作業らしく、赤ちゃんを産み終わると、おすは命を落としてしまうこともあるにゃ。

| 哺乳類 | 鳥 | 昆虫 | 魚・水の生き物 | 両生類 爬虫類 | 動物一般 |

ぎもん 68

シーラカンスを、なぜ生きた化石というにゃ?

答えはどれだと思う? 次の3つの中から選んでね。

1
体が石のように黒くてかたいからにゃ。
見た目が化石そっくりにゃ。

2
化石の卵から生まれたからにゃ。
卵を水に入れたらよみがえったにゃ。

3
化石の形と同じすがただからにゃ。
大昔のすがたと変わらないにゃ。

答えは次のページ

3 化石の形と同じすがただからにゃ。

　化石とは、大昔の生き物の死がいに土砂がふり積もり、長い年月をかけて石になったものです。化石となっている生き物は、ふつうは今ではもう生き残っていません。

　シーラカンスのなかまは両生類に進化する直前の魚で、約3億8000万年前に栄えていました。胸びれと腹びれが骨でささえられている形から、海底をはって動いていたと考えられています。このような魚は、約6600万年前に絶滅したとされていましたが、シーラカンスは1938年にアフリカ沿岸の西インド洋で、生きたすがたで発見されました。

　なぜ生き残ることができたかはわかっていませんが、化石とほとんど同じすがたなので、「生きた化石」とよばれています。

シーラカンスの胸びれは、骨にささえられている。

シーラカンスと同じように、生きた化石とよばれる魚にハイギョがいるにゃ。やはり両生類に進化する前の魚で、えらではなく、肺で呼吸するにゃ。

| 哺乳類 | 鳥 | **昆虫** | 魚・水の生き物 | 両生類 爬虫類 | 動物一般 |

ぎもん 69

ミツバチは、どうやってはちみつをつくるにゃ？

答えはどれだと思う？　次の3つの中から選んでね。

1 花のみつを飲みこみ、体を通してつくるにゃ。
あまみとかおりができるにゃ。

2 集めたみつを、巣の外で温めるにゃ。
日の当たるところに置いておくにゃ。

3 集めたみつをかきまぜるにゃ。
働きバチがあしでまぜ続けるにゃ。

143

答えは次のページ ➡

1 花のみつを飲みこみ、体を通してつくるにゃ。

　ミツバチの働きバチは、花からみつを集め、巣にたくわえます。人間はミツバチの巣からはちみつをとっています。

　みつはミツバチの大切なエネルギーのもと。働きバチは、自分がなめるだけでなく、「みつ胃」という胃にみつを入れ、巣に帰るとなかまに口移しで分けあたえます。みつは子どものハチを育てるのにも使われます。

　みつは、働きバチの体を通るうちに、体内の成分とまじって、あまくてよいかおりが出てきます。さらに、巣にためられたみつにははねで風が送られ、水分がじょう発して、こいはちみつになります。

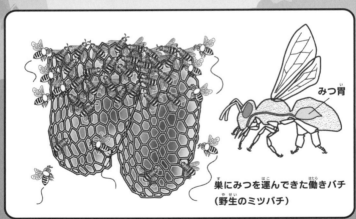

巣にみつを運んできた働きバチ
（野生のミツバチ）

ミツバチ1匹が1回に運べるみつは、とても少ないにゃ。

| 哺乳類 | 鳥 | 昆虫 | 魚・水の生き物 | 両生類 爬虫類 | 動物一般 |

ぎもん 70

モグラのあなは どんな形にゃ？

答えはどれだと思う？ 次の3つの中から選んでね。

1 まっすぐの一本道にゃ。
どんどん深く掘っていくにゃ。

2 たくさんの部屋が道でつながっているにゃ。
あみの目のようにひろがっているにゃ。

3 ぐるぐるしたらせんの形にゃ。
ほかのモグラのあなと重ならない形にゃ。

答えは次のページ ➡

2 たくさんの部屋が道でつながっているにゃ。

　モグラの指にはかぎづめがついていて、上手に地中を掘り進めて地下にトンネルを掘ります。この地下トンネルは、あみの目のようにひろがっていて、その中でたくさんの部屋がつながっています。トンネルの長さをあわせると、全部で100メートルほどにもなります。眠るための部屋や、トイレ、食べ物をためる部屋、水飲み場などがあります。巣の出入り口には土の小山があり、モグラ塚と呼ばれます。また、トイレの上には特有のキノコ（ナガエノスギタケ）が生えていることがあります。

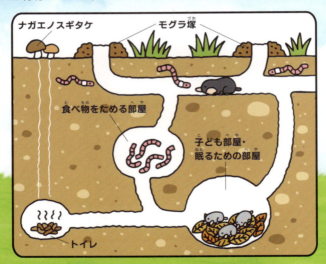

日本では、中部地方をさかい目に、東にはアズマモグラ、西にはコウベモグラが多く生息しているにゃ。近年では、コウベモグラが生息地を東に広げているにゃ。

| 哺乳類 | 鳥 | 昆虫 | 魚・水の生き物 | 両生類 爬虫類 | 動物一般 |

ぎもん 71

デンキウナギは本当に電気を出すにゃ？

答えはどれだと思う？ 次の2つの中から選んでね。

1 **出すにゃ。**

ワニを感電させることもあるにゃ。

2 **出さないにゃ。電気じゃなくて毒を出すにゃ。**

毒で電気みたいにしびれるにゃ。

147

答えは次のページ ➡

1 出すにゃ。

　デンキウナギは、大きなものでは全長2メートルにもなります。その体の4分の3の部分を占めているのが、6000個もの発電細胞が並ぶ発電器官です。650〜850ボルトもの強い電気を出し、ほかの魚やカエルなどのえものを気絶させて食べます。デンキウナギがすむ南アメリカの川では、ウマや人がうっかりふみつけて感電し、おぼれる事故が起こっています。発電細胞は筋肉の細胞が変化したもので、デンキナマズやシビレエイなども同様に発電します。

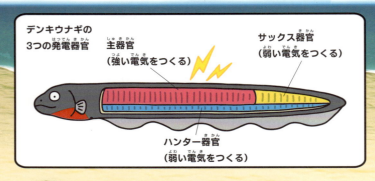

デンキウナギの3つの発電器官
主器官（強い電気をつくる）
サックス器官（弱い電気をつくる）
ハンター器官（弱い電気をつくる）

日本の一般家庭に届く電気の電圧は100ボルトにゃ。デンキウナギの電気がいかに強いか、わかるにゃ。

| 哺乳類 | 鳥 | 昆虫 | 魚・水の生き物 | 両生類 爬虫類 | 動物一般 |

ぎもん 72

ハチはどうして人をさすにゃ？

答えはどれだと思う？ 次の3つの中から選んでね。

1 人を敵だと思いこんでいるからにゃ。
見たら必ずおそってくるにゃ。

2 人がこうげきしたと感じるからにゃ。
何もしなければささないにゃ。

3 人の血をすおうとしているからにゃ。
栄養のため、血を求めているにゃ。

答えは次のページ ➡

2 人がこうげきしたと感じるからにゃ。

スズメバチやミツバチの場合、おしりにはりを持っているのは働きバチで、全部めすのハチです。

スズメバチやミツバチは、社会性昆虫といって、同じ巣にくらす家族を自分の体の一部と同じくらい大切にします。そのため、人がハチの巣に近づいたら、働きバチはこうふんしておそってきます。

でも何もしなければ、働きバチの方からこうげきしてくることはありません。ハチの飛び回っているところへ行ったり、ハチをつかまえたりしないようにしましょう。

セイヨウミツバチ　キイロスズメバチ　しげきしないよう注意しよう！

強い毒を持ったハチはオオスズメバチにゃ。黒くて動くものや、香料に敏感で、地中にある巣に近づくとおそってくるにゃ。毎年何人もの人が、さされた毒でなくなっているにゃ。

| 哺乳類 | 鳥 | 昆虫 | 魚・水の生き物 | 両生類爬虫類 | 動物一般 |

ぎもん 73

どうしてエビをゆでると赤くなるにゃ？

答えはどれだと思う？ 次の3つの中から選んでね。

1 ゆでなくても、ほうっておくと赤くなるにゃ。
ゆでたからというわけではないにゃ。

2 血が表面ににじみ出てくるからにゃ。
熱で体がいたむにゃ。

3 体の成分が変化するからにゃ。
熱で変わってしまうにゃ。

151

答えは次のページ ▶

3 体の成分が変化するからにゃ。

　もとは黒っぽいエビをなべに入れてゆでていると、だんだん赤くなっていきます。カニも同じです。
　ゆでる前のエビやカニが黒っぽいのは、からの中に「アスタキサンチン」という色のもと（色素）が入っているからです。実はこの色素、もともとは赤い色をしています。ただ、たんぱく質という、体をつくる物質と結びつくと黒っぽくなる性質があるので、生きているエビは黒っぽいのです。
　ところが、エビやカニをゆでると、熱で色素とたんぱく質の結びつきが切れてしまいます。すると、アスタキサンチンのもともとの色である赤になるのです。

料理で熱を加えられたエビは赤い。

ゆでたてのエビのあざやかな赤は、時間とともにだんだんくすんだ色になるにゃ。

152

| 哺乳類 | 鳥 | **昆虫** | 魚・水の生き物 | 両生類 爬虫類 | 動物一般 |

ぎもん 74

ミノムシの正体って どんな虫にゃ？

答えはどれだと思う？ 次の3つの中から選んでね。

1 チョウの幼虫にゃ。
中にいも虫がいるにゃ。

2 コガネムシの なかまにゃ。
夜になると動き回るにゃ。

3 ミノガという ガのなかまにゃ。
「みの」は昔の雨具のことにゃ。

153

答えは次のページ ➡

3 ミノガという ガのなかまにゃ。

　冬に葉を落とした木を見ると、枝にミノムシがついていることがあります。実は夏もついているのですが、葉が生いしげっていて、見えないだけなのです。

　「みの」とは、昔の人が雨の日に着たわらでつくった雨具。それににているからミノムシといわれたのです。正体はミノガというガで、ミノムシの「みの」の中には、いも虫（幼虫）がいます。

　ふつう、ガのなかまはいも虫がさなぎになり、その後、はねのある成虫になります。しかしミノガは、はねのある成虫になるのはおすだけで、めすは成虫になっても、いも虫のすがたです。

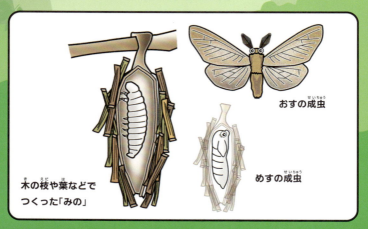

木の枝や葉などでつくった「みの」

おすの成虫

めすの成虫

「みの」の中の幼虫は、みのから顔を出して、葉を食べて成長するにゃ。めすは、みのの中に1000個以上の卵を産むにゃ。

ぎもん 75

空気や水がなくても生き続けられる動物はいるにゃ？

答えはどれだと思う？　次の2つの中から選んでね。

1　いるにゃ。

でも、活動はできないにゃ。

2　いないにゃ。

いまのところそんな動物はみつかっていないにゃ。

1 いるにゃ。

　宇宙には、空気も液体の水もありません。人間をはじめ地球上の生物が宇宙服なしで宇宙へ行ったら、ふつうはすぐに死んでしまいます。

　でもクマムシなら生きられるといわれてます。クマムシは体長約1ミリメートル。小さいので目立ちませんが、寒いところから暑いところまで、高山でも水中でも、砂ばくでも、あらゆるところにすんでいます。

　クマムシはまわりがかんそうすると、たるのように体をちぢめて仮死状態になります。このすがたになると、空気や水がなくても平気で、100℃（度）以上の高温にも、マイナス250℃以下の低温にもたえられます。

クマムシ。
ムシとつくが、昆虫ではない。
緩歩動物という生き物。

仮死状態になったクマムシ

宇宙には、放射線も多く飛び交っているにゃ。仮死状態になったクマムシの放射線にたえられる力は、人間の1000倍以上にゃ。

| 哺乳類 | 鳥 | 昆虫 | 魚・水の生き物 | 両生類 爬虫類 | 動物一般 |

ぎもん 76

ラッコは、どこで眠るにゃ？

答えはどれだと思う？ 次の3つの中から選んでね。

1 水中のほらあなで眠るにゃ。
水の中でも呼吸できるにゃ。

2 陸に上がって眠るにゃ。
海では眠れないにゃ。

3 海に浮かびながら眠るにゃ。
あお向けに浮かぶにゃ。

157　答えは次のページ ➡

3 海に浮かびながら眠るにゃ。

　ラッコは、北アメリカの太平洋沿岸にすむイタチのなかまです。食べ物をとりに海にもぐるとき以外は、たいていおなかを上にして浮かんでいます。おなかの上にのせた石に貝を打ちつけて、わって食べるすがたが有名です。

　ラッコは、眠るときも水面に浮かんだままです。ラッコが好んですむのは、近くに岩場があり、長さ60メートルにもなる海そう「ジャイアントケルプ」が生いしげる場所です。眠ったり休んだりするとき、ラッコはこの海そうに体をまきつけます。こうしておけば、しおに流されたり、きけんの多い岸に打ちつけられる心配もありません。

海そうのジャイアントケルプは、ラッコのふとん。

ジャイアントケルプが生いしげる場所には、ラッコの大好物のウニがたくさんいるにゃ。ラッコをおそうシャチが海そうをきらうので、身を守るためにも役立っているにゃ。

| 哺乳類 | 鳥 | 昆虫 | 魚・水の生き物 | 両生類 爬虫類 | 動物一般 |

ぎもん 77

野生のゾウは、どんなかっこうで眠るにゃ？

答えはどれだと思う？ 次の3つの中から選んでね。

1 あおむけになって眠るにゃ。
家族でかたまって眠るにゃ。

2 立ったまま眠るにゃ。
きけんにそなえているにゃ。

3 歩きながら眠るにゃ。
夜すずしいときみんなで移動するにゃ。

答えは次のページ

立ったまま眠るにゃ。

　ゾウは体が大きくてずっしりしているので、どんなふうに眠るのか、想像しにくいかもしれません。

　体が重いゾウは、一度横になると、起き上がるのに時間がかかるので、敵が近づいたとき、もたもた起き上がっていたら、たちまちおそわれてしまいます。

　そのため、野生のゾウは、立ったまま眠ります。ゾウにかぎらず、草食動物の多くは、きけんがあってもすぐにげられるように、眠っているときも4本あしで立っています。

自然では…

動物園では…

動物園で飼われているゾウは、横になり、あしを投げ出して眠ることもあるにゃ。動物園ではほかの動物におそわれる心配がないので、最も楽なかっこうになると考えられているにゃ。

| 哺乳類 | 鳥 | 昆虫 | 魚・水の生き物 | 両生類 爬虫類 | 動物一般 |

ぎもん 78

シマウマのしまもようは、何に役立っているにゃ？

答えはどれだと思う？ 次の3つの中から選んでね。

1 おすが、強さを見せつけるためにゃ。
太いしまで、めすにアピールするにゃ。

2 親子で区別をするためにゃ。
しまを目じるしに子は親を見つけるにゃ。

3 敵の目をくらませるのに役立つにゃ。
草原では目立たないにゃ。

答えは次のページ ➡

3 敵の目をくらませるのに役立つにゃ。

シマウマのしまは同じなかまの印で、野生では敵の目をくらませることに役立ちます。肉食動物は、1頭のえものにねらいをつけて追い回し、群れから引きはなして飛びかかります。しかし、シマウマが集団で動くと、しまもようが重なり合うので、ねらった1頭の区別がつきにくくなります。そのため、肉食動物がおそいにくくなるのです。

また肉食動物は、色を細かく見分けることができません。背の高い草とシマウマのしまが、肉食動物には同じように見えるので、身をかくすのにぴったりです。

しまが重なり合って、1頭のすがたがわかりにくい。

シマウマは、アフリカのサバンナにすんでいるにゃ。なかまと協力し合い、敵から身を守っているにゃ。眠るときもみんなですごすことでだれかが敵に気づくから安全にゃ。

| 哺乳類 | 鳥 | 昆虫 | 魚・水の生き物 | 両生類 爬虫類 | 動物一般 |

ぎもん 79

キリンの首の骨は、ほかの動物よりも多いにゃ？

答えはどれだと思う？ 次の3つの中から選んでね。

1 かなり多いにゃ。ほかの動物の10倍あるにゃ。
首が長いぶん、骨もたくさん必要にゃ。

2 ほかの動物と同じくらいにゃ。
1個1個が長くても同じ数にゃ。

3 長い骨だけれど、むしろかなり少ないにゃ。
1個の骨がとても長いにゃ。

答えは次のページ ➡

2 ほかの動物と同じくらいにゃ。

　キリンの首が長いのは、わかりやすい特ちょうですね。おとなのキリンでは、2メートル以上になることもあります。それほどの長さなので、多くの骨でささえられていると思うかもしれませんが、実は7個です。
　人間をはじめ、哺乳類の首の骨の数は、ほとんど7個です。ただし長い分、キリンの首の1個1個の骨は、ほかの哺乳類よりずっと長いのです。
　キリンは、呼吸するときの空気が通る気管も、当然のことながら長いため息の出し入れがたいへんです。そのため、深く速く呼吸することができるのです。

高い位置にある脳に血液を押し上げるために、キリンの心臓はすごい力で血液を送り出すにゃ。そのため、血圧（血液が血管を流れるときの力）は、人間の約2倍もあるにゃ。

| 哺乳類 | 鳥 | 昆虫 | 魚・水の生き物 | 両生類・爬虫類 | 動物一般 |

ぎもん 80

ナマケモノって、どのくらいなまけものにゃ？

答えはどれだと思う？ 次の3つの中から選んでね。

1. 食事しかしないなまけものにゃ。
何をするのもむだだと思っているにゃ。

2. 結婚相手をさがすときだけがんばるにゃ。
動きが急に速くなるにゃ。

3. なまけていないが、動きがおそいにゃ。
エネルギーを節約しているだけにゃ。

答えは次のページ ➡

3 なまけていないが、動きがおそいにゃ。

　南アメリカの熱帯雨林にすむナマケモノは、ほとんど一日中木の枝にぶら下がっています。動くときはせいぜい100メートルを15分かけて進むていどの速さです。
　でも、性格がなまけものというわけではありません。ナマケモノは、エネルギーをなるべく使わないように進化してきた生き物なのです。そのため、食事も1日に少しの木の葉や果実しか食べなくてもだいじょうぶです。
　地面におりたときのナマケモノは、地面が安心できる場所ではないためか、かなりの速さで木に取りついて登っていきます。

ノドチャミユビナマケモノ

ナマケモノのトイレは約8日間に1回だけにゃ。木をおりて、木につかまったまましっぽで地面にあなを掘り、ふんをするにゃ。そのあとは、かれ葉でおおいかくすにゃ。

| 哺乳類 | 鳥 | 昆虫 | 魚・水の生き物 | 両生類 爬虫類 | 動物一般 |

ぎもん 81

パンダはササやタケしか食べないにゃ？

答えはどれだと思う？ 次の3つの中から選んでね。

1　食べないにゃ。ササとタケだけにゃ。
ほかの食べ物は消化できないにゃ。

2　ササとタケ以外も食べるにゃ。
でも、主食はその2つにゃ。

3　ササとタケ以外の方が好きにゃ。
実は果物がいちばん好きにゃ。

167

答えは次のページ ➡

答え 2 ササとタケ以外も食べるにゃ。

　パンダの主食はササとタケです。ただ、ササとタケ以外が食べられないわけではありません。
　実際に野生のパンダのふんを調べたところ、畑の作物や人間の残飯もあさっていたことがわかりました。
　動物園では、ササとタケ以外にも、リンゴやカキなどの果物、サトウキビやおかゆ、牛乳など、いろいろな食べ物をあたえています。
　パンダはクマに近いなかま。もともと肉も食べる動物の一種でしたが、中国の山おくにすむ野生のパンダは、ほかの動物があまり食べないササやタケをおもに食べて生き残ってきたのです。

食事をするジャイアントパンダ

野生のパンダのふんから、ナキウサギやノネズミが出たこともあるそうにゃ。かたいタケをかみくだくあごと歯は、もともとは動物を食べるのにも役立っていたにゃ。

| 哺乳類 | 鳥 | **昆虫** | 魚・水の生き物 | 両生類 爬虫類 | 動物一般 |

ぎもん 82

ダンゴムシは、どうしてすぐに丸まるにゃ？

答えはどれだと思う？ 次の3つの中から選んでね。

1 敵から身を守るためにゃ。
かたいからで、全身を守るにゃ。

2 楽に移動するためにゃ。
風にふかれて転がるにゃ。

3 力をぬくと丸まっちゃうにゃ。
歩くときだけ力を入れてのびるにゃ。

169　答えは次のページ ➡

1 敵から身を守るためにゃ。

　大きな石や落ち葉などをどかすと見つかるダンゴムシ。さわると、くるっと丸まりますね。これは、こわがって身を守っているのです。

　ダンゴムシの体は、たくさんのふしからできています。外側がかたいこうらのようになっていて内側はやわらかく、ふしとふしの間は、うすい皮でつながっています。クモやムカデなどにおそわれたときも、丸まることで身を守れるのです。

　ダンゴムシは、急に強い光が当たったときも、体を内側にちぢめ、丸まります。

丸くなったダンゴムシ

ダンゴムシは大きく分けるとエビやカニのなかまにゃ。生まれたときは白い体だけど、何度も皮をぬいで大きくなるうちに黒っぽくなっていくにゃ。

170

| 哺乳類 | 鳥 | 昆虫 | 魚・水の生き物 | 両生類・爬虫類 | 動物一般 |

ぎもん 83

ヤドカリは、生まれたときから貝を持っているにゃ？

答えはどれだと思う？　次の2つの中から選んでね。

1 ## 生まれたときから持っているにゃ。
小さなカタツムリみたいにゃ。

2 ## 生まれたときは、持っていないにゃ。
生まれてから、貝がらにはいるにゃ。

答えは次のページ

答え 2 生まれたときは、持っていないにゃ。

　貝の中に入って生活するヤドカリは、貝ではなくカニのなかまで、生まれたときから貝を持っているわけではありません。ヤドカリの赤ちゃんは、はじめはエビのようなすがたをしています。

　赤ちゃんは水中を泳いでくらしています。およそ1か月の間に3～4回皮をぬいで（脱皮）大きくなると、ザリガニのようなすがたになります。それから海底におりて、自分の体に合う貝をさがして中に入るのです。

　その後も、成長して貝がきゅうくつになるたびに、もっと大きな貝をさがしては、引っこしをします。

ヤドカリの赤ちゃん

ヤシガニ

ヤドカリの成長

沖縄県の島には、ヤシの実などを食べるヤシガニがすんでいるにゃ。貝を背負っていないし、カニのようなすがただけど、ヤシガニはヤドカリのなかまにゃ。

172

| 哺乳類 | 鳥 | 昆虫 | 魚・水の生き物 | 両生類 爬虫類 | 動物一般 |

ぎもん 84

ウシは一年中 お乳を出すにゃ？

答えはどれだと思う？ 次の2つの中から選んでね。

1 出さないにゃ。子ウシが いる間だけにゃ。
そもそも子ウシのために出すにゃ。

2 出すにゃ。おとなになると 出し続けるにゃ。
だからウシはありがたいにゃ。

173

答えは次のページ ➡

1 出さないにゃ。子ウシがいる間だけにゃ。

　めウシ（めすのウシ）はいつもお乳を出しているように見えるかもしれませんが、赤ちゃんを産まないとお乳が出ないのは、人間と同じです。子ウシのいる間だけ、めウシはお乳を出します。

　農家では、子ウシに最初の1週間だけめウシのお乳を飲ませ、その後は人工のミルクで育てます。ふつう、めウシは約10か月間、子ウシのためにお乳を出すので、子ウシをはなした残りの約9か月と3週間は、人間が自分たちのためにお乳をしぼるのです。

　めウシをたくさん飼っている農家では、子ウシが生まれる時期を調節して、一年中お乳をとれるようにしています。

めウシの乳を飲む子ウシ。子ウシを産まなければ、乳は出ない。

めウシから約10か月間お乳をとったあと、めウシを3か月ほど休ませるにゃ。休ませたあと、また子ウシを産めば、お乳が出るようになるにゃ。

174

| 哺乳類 | 鳥 | **昆虫** | 魚・水の生き物 | 両生類・爬虫類 | 動物一般 |

ぎもん 85

働きアリはみんな働きものにゃ？

答えはどれだと思う？ 次の2つの中から選んでね。

1 そうにゃ。

だから働きアリっていうにゃ。

2 ちがうにゃ。

働いていない働きアリもいるにゃ。

答えは次のページ ➡

2 ちがうにゃ。

　アリのなかまの多くは、卵を産む女王と、その子どもである働きアリが集団でくらしています。働きアリには、卵や幼虫、女王の世話、こわれた巣の修復、食べ物集めなど、たくさんの仕事があります。

　しかし、すべての働きアリが働いているわけではなく、2割ほどの働きアリは何もしていません。働いている働きアリだけを取り出して生活させたところ、やはり2割は働かなくなりました。これは、働いていたアリが疲れたときに、すぐに代わりができるようなしくみになっているからだと考えられています。もし、すべての働きアリがいっせいに働いて、いっせいに休んでしまったら、お世話をされなくなった卵や幼虫が死に、巣を維持することができなくなってしまうのです。

アリや一部のハチのように、子どもを産む役割を持つものと、子どもを産まずに働く役割を持ったものが集団でくらす生き物を「真社会性生物」というにゃ。

| 哺乳類 | **鳥** | 昆虫 | 魚・水の生き物 | 両生類 爬虫類 | 動物一般 |

ぎもん 86

鳥目というけれど、鳥は夜、目が見えなくなるにゃ？

答えはどれだと思う？ 次の3つの中から選んでね。

1. そんなことはないにゃ。夜も見えるにゃ。
昔の人の思いこみにゃ。

2. 鳥はたしかに、夜はよく見えないにゃ。
だから昼間、よく鳴いて活動するにゃ。

3. 暗くなると眠ってしまうにゃ。
見えないというより、見ないにゃ。

答えは次のページ

1 そんなことはないにゃ。夜も見えるにゃ。

「鳥目」とは、暗いところでものが見えにくくなることをいいます。いかにも鳥が、暗いところではものが見えていないといっているような言葉ですが、実際の鳥は、特にそんなことはありません。鳥がおもに昼間活動し、夜は眠っているので、たぶん昔の人は、鳥が暗いところが苦手と思いこんだのでしょう。

フクロウやヨタカなど、夜活動する鳥は、鳥目どころか暗いところでも、よく見えています。木の上から地面のネズミなどを見つけて、つかまえます。ネズミなどが出すかすかな音も、聞きのがしません。

暗やみでネズミをとらえたメンフクロウ

目のおくには「網膜」があり、光を感じる点と、色を感じる点がならんでいるにゃ。夜活動する鳥は、光を感じる点が多いため、少ない光でもよく見ることができるにゃ。

| 哺乳類 | 鳥 | **昆虫** | 魚・水の生き物 | 両生類 爬虫類 | 動物一般 |

ぎもん 87

フンコロガシは、何のために ふんを転がすにゃ？

答えはどれだと思う？ 次の3つの中から選んでね。

1 ぶつけてけんか するためにゃ。
おす同士が、強さを競うにゃ。

2 めすにプレゼント するためにゃ。
転がしながらめすをさがしているにゃ。

3 子どもの食べ物として 運んでいるにゃ。
落ち着ける場所まで転がすにゃ。

179

答えは次のページ ➡

3 子どもの食べ物として運んでいるにゃ。

　ふんを丸めて転がすコガネムシを、フンコロガシといいます。タマオシコガネとも呼ばれます。アフリカやヨーロッパに多くすんでいます。日本には1種類、マメダルマコガネという、小さなタマオシコガネがいます。

　タマオシコガネにとって、ふんは食べ物。自分で食べるほか、子どもにも食べさせます。哺乳類などのふんで玉をつくり、これをさか立ちして後ろあしで転がしながら、じゃまされない場所まで運んでいきます。

　気に入った場所が見つかると、あなを掘り、そこにふん玉を入れて、卵を産みつけます。幼虫はふんの中でかえり、ふん玉を食べ、ふんの中で成長するのです。

ふん玉を転がすタマオシコガネ

ふん玉を転がさず、その場で地下にうめるコガネムシも多くいるにゃ。日本にいるのはほとんどこのタイプにゃ。ふんを食べる虫がいなかったら、野山は動物のふんだらけになるにゃ。

| 哺乳類 | 鳥 | 昆虫 | **魚・水の生き物** | 両生類 爬虫類 | 動物一般 |

ぎもん 88

イカの頭って、どこの部分にゃ？

答えはどれだと思う？ 次の3つの中から選んでね。

1 三角の矢印みたいなところにゃ。
うでの反対側にゃ。

2 うでのつけ根あたりにゃ。
頭からすぐうでが出ているにゃ。

3 うでのさきっぽにゃ。
だからよく目がまわるにゃ。

181

答えは次のページ ➡

2 うでのつけ根あたりにゃ。

　とんがり矢印のついた長いところがイカの頭に見えるかもしれませんが、これはイカの胴体です。矢印のような形のところはひれで、イカの頭は、10本のうで（あし）のつけ根のところ。目や口も、つけ根にあります。つまり、イカは頭からあしが生えている生物です。このような生物を「頭足類」といいます。タコも同じく頭足類です。

　図鑑では、生物はふつう頭を上にえがかれています。そのため、イカやタコは、うでが上に、胴体は下にえがかれているはずです。

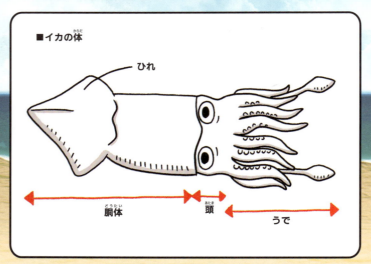

■イカの体
ひれ
胴体　頭　うで

イカやタコなどの頭足類は、貝と同じ「軟体動物」にゃ。頭足類には、ほかにオウムガイがいるにゃ。コウイカというイカは体の中にふねのような形の貝がらを持っているにゃ。

生き物クイズに勝利！

88問中いくつできたかな？

SCORE

／ **88** 点

この書籍は、弊社より発刊した「なぜ?どうして?生き物NEWぎもんランキング」に加筆修正を加え、再編集して製作したものです。

【監修】　ポノス株式会社
　　　　　今泉忠明
【編集協力】　美和企画（笹原依子）
【解説イラスト】　アキワシンヤ　岡村治栄
　　　　　　　　　川下隆　ふらんそわ～ず吉本
　　　　　　　　　アフロ　PIXTA
【装丁・デザイン】　須賀祐二郎(ma-h gra)
【DTP】　株式会社アド・クレール
【校正】　遠藤理恵　鈴木一馬（株式会社みどりとあおの）

なぜ?がわかる! にゃんこ大戦争クイズブック～生き物のぎもん編～

2024年9月24日　第1刷発行

発行人　　土屋徹
編集人　　芳賀靖彦
企画編集　栗林峻　杉田祐樹
発行所　　株式会社Gakken
　　　　　〒141-8416　東京都品川区西五反田2-11-8
印刷所　　大日本印刷株式会社

この本に関する各種お問い合わせ先
本の内容については、下記サイトのお問い合わせフォームよりお願いします。
https://www.corp-gakken.co.jp/contact/
在庫については　Tel 03-6431-1197（販売部）
不良品(落丁、乱丁)については　Tel 0570-000577
学研業務センター〒354-0045 埼玉県入間郡三芳町上富279-1
上記以外のお問い合わせは　Tel 0570-056-710（学研グループ総合案内）

184P　18.2cm×12.8cm
©PONOS Corp.
©Gakken
ISBN 978-4-05-206001-4　C8045
本書の無断転載、複製、複写(コピー)、翻訳を禁じます。
本書を代行業者等の第三者に依頼してスキャンやデジタル化することは、たとえ個人や家庭内の利用であっても、著作権法上、認められておりません。

学研グループの書籍・雑誌についての新刊情報・詳細情報は、下記をご覧ください。
学研出版サイト　https://hon.gakken.jp/